普通高等院校"十三五"土木工程类规划系列教材
国家级地质工程实验教学示范中心规划系列教材

地基岩土工程勘察实习教程

蔡国军　苏道刚　编著
汤明高　赵建军　主审

成都理工大学
·成都·

图书在版编目（CIP）数据

地基岩土工程勘察实习教程／蔡国军，苏道刚编著. —成都：西南交通大学出版社，2016.11
普通高等院校"十三五"土木工程类规划系列教材
ISBN 978-7-5643-5110-6

Ⅰ.①地… Ⅱ.①蔡… ②苏… Ⅲ.①地基–岩土工程–地质勘探–实习–高等学校–教材 Ⅳ.①TU47-45

中国版本图书馆 CIP 数据核字（2016）第 274710 号

普通高等院校"十三五"土木工程类规划系列教材

地基岩土工程勘察实习教程

蔡国军　苏道刚　编著

责任编辑	柳堰龙
封面设计	何东琳设计工作室
出版发行	西南交通大学出版社 （四川省成都市二环路北一段 111 号 西南交通大学创新大厦 21 楼）
发行部电话	028-87600564　028-87600533
邮政编码	610031
网　　址	http://www.xnjdcbs.com
印　　刷	四川森林印务有限责任公司
成品尺寸	185 mm × 260 mm
印　　张	8.75
字　　数	232 千
版　　次	2016 年 11 月第 1 版
印　　次	2016 年 11 月第 1 次
书　　号	ISBN 978-7-5643-5110-6
定　　价	19.00 元

课件咨询电话：028-87600533
图书如有印装质量问题　本社负责退换
版权所有　盗版必究　举报电话：028-87600562

前　言

当前，随着我国土木工程建设持续高速发展，各类工程对建造技术的要求、难度和复杂程度也随之增加，这对建（构）筑物的地基提出了越来越高的要求，为保证建（构）筑物的安全与正常使用，必须进行岩土工程勘察，以查明场地的地质与环境条件；同时，应加强岩土工程勘察试验手段的优化，以提高勘察资料的可靠性。

"地基岩土工程勘察实习"作为岩土工程勘察的实践部分，对于土木工程（岩土工程方向）、地质工程（工程地质方向）等专业来说是一门实用性很强的专业课。本课程的任务是：通过实习，使学生得到实践性训练，获得岩土工程勘察方面的基础知识和基本技能，能够进行一般建筑工程的勘察、设计、分析、评价与应用。《地基岩土工程勘察实习教程》是在成都理工大学土木工程（岩土）、地质工程专业教学计划要求下编写的，可作为土木工程（岩土工程方向）、地质工程（工程地质方向）等专业的本科生与研究生的教材，也适合于相关专业的技术人员使用。

本教材依托成都理工大学地质勘察实验室和岩土工程勘察实习场地的建设和发展，在贯穿我国现行规范内容的基础上，着重介绍指导和实践岩土工程勘察的方法与技术。在阐明基本原理与方法的基础上，以成都理工大学修建创新实验楼为虚拟实例，培养学生的动手能力和实践能力。

本教材主要从 3 个方面开展实训：建筑地基岩土工程勘察设计的实训、建筑物地基岩土工程勘察（实施）中基本工作方法和基本技能的实训、建筑物地基岩土工程分析评价的实训。全书共分 4 章：第 1 章由苏道刚和蔡国军编写，介绍了岩土工程分级、土石鉴定与分类；第 2 章由蔡国军编写，介绍了勘察方法及技术要求，包括工程勘察阶段要求、高层建筑施工勘察、勘探与取样、岩土取样、原位测试、室内土工试验、地下水调查等；第 3 章由苏道刚和蔡国军编写，介绍了地基岩土工程评价与计算；第 4 章由蔡国军编写，介绍实习虚拟 A 区 9 号楼详细勘察阶段要求。

本教材由蔡国军、苏道刚编著，最后由蔡国军对全稿进行统编、整理定稿。书中的部分图表绘制得到潘凯、谭洵、傅焕然、檀梦皎、李苏申、肖炜波等参与完成。全书由汤明高、赵建军审阅。

本教材在编写过程中，得到了成都理工大学教务处、环境与土木工程学院、地质灾害防治与地质环境保护国家重点实验室、实验室与装备管理处等部门领导和老师的大力支持，许强、李天斌、赵其华、严明、汤明高、赵建军、郑光和任洋等老师在实践教学过程中给予了指导和支持，郑光和任洋等老师在实习实践教学中给予了较好的应用。感谢西南交大出版社邹蕊、柳堰龙等编辑，他们的辛勤劳动为本书的改进提供了方向。感谢成都理工大学地质工程和土木工程创新实验班 2012 级和 2013 级的同学们，他们向我们提供了多个需要改正的问题。此外，本书参阅了国内外相关学者的文献，并选用了其中部分资料和图表，在此一并致谢。

教材中部分内容是编者的认识和提法，由于编者水平有限，加之时间仓促，书中难免存在不足和不妥之处，恳请读者批评指正。

编　者

2016 年 09 月

目 录

第1章 岩土工程勘察分级、土石鉴定与分类 ... 1
1.1 岩土工程勘察等级 ... 1
1.2 地基岩土分类与鉴定 ... 3

第2章 勘察方法及技术要求 ... 10
2.1 依据及基本要求 ... 10
2.2 工程勘察阶段 ... 10
2.3 高层建筑施工勘察 ... 15
2.4 勘 探 ... 16
2.5 岩土取样 ... 19
2.6 原位测试 ... 20
2.7 室内土工试验 ... 76
2.8 地下水调查 ... 79

第3章 地基岩土工程评价与计算 ... 83
3.1 地基岩土力学试验参数的数理统计分析 ... 83
3.2 高层建筑场地稳定性评价 ... 98
3.3 地基均匀性评价 ... 98
3.4 基础的埋置深度 ... 99
3.5 地基承载力 ... 100
3.6 地基强度验算 ... 107
3.7 地基变形验算 ... 108
3.8 地基稳定性验算 ... 114
3.9 桩基评价和计算 ... 115

3.10 地下水的腐蚀性 ·· 118

3.11 地基的地震效应 ·· 121

第4章 岩土工程勘察实习报告书要求 ·· 126

4.1 实习任务要求 ·· 126

4.2 地基岩土工程勘察实习报告要求 ·· 126

附　录 ·· 130

附录1　成都地区地层简表 ·· 130

附录2　"地基岩土工程勘察实习"教学大纲 ·· 131

参考文献 ·· 134

第1章 岩土工程勘察分级、土石鉴定与分类

1.1 岩土工程勘察等级

《岩土工程勘察规范》(GB 50021—2009)根据工程重要性等级、场地复杂程度等级和地基复杂程度等级划分岩土工程勘察等级。

1.1.1 工程重要性等级

根据工程规模、特征以及地基损坏造成建筑破坏后果的严重性,将工程重要性等级划分为一、二、三级三个等级。实施工程勘察时应视具体情况,按表1.1规定选用。

表1.1 工程重要性等级

工程重要性等级	破坏后果	工程类别	建筑类型
一级	很严重	重要工程	重要的工业与民用建筑物;20层以上的高层建筑;体形复杂的14层以上高层建筑;对地基变形有特殊要求的建筑物;单桩承受的荷载在400 kN以上的建筑物,如纪念馆、剧院、水厂等
二级	严重	一般工程	一般的工业与民用建筑,如8~14层建筑物
三级	不严重	次要工程	次要的建筑物,通常为1~3层建筑物

1.1.2 工程场地等级

场地等级应根据其复杂程度按下列规定分为一、二、三级三个等级。
(1)符合下列条件之一者为一级场地(复杂场地):
① 对建筑物抗震危险的地段。
② 不良地质作用强烈发育。
③ 地质环境已经或可能受强烈破坏。
④ 有影响工程的多层地下水、岩溶裂隙水或其他水文地质条件复杂,需专门研究的场地。
⑤ 地形地貌复杂。
(2)符合下列条件之一者为二级场地(中等复杂场地):
① 对建筑物抗震不利的地段。

② 不良地质作用一般发育。
③ 地质环境已经或可能受一般破坏。
④ 地形地貌较复杂。
⑤ 基础位于地下水位以下的场地。

（3）符合下列条件者为三级场地（简单场地）：
① 地震设防等于或小于Ⅵ度，或对建筑抗震有利的地段。
② 不良地质作用较发育。
③ 地质环境基本未受破坏。
④ 地形地貌简单。
⑤ 地下水对工程无影响。

注：对建筑物抗震有利、不利和危险地段的划分规定：
① 坚硬土或开阔平坦密实均匀的中硬土地段，按有利地段确定。
② 软弱土、液化土、孤立突出地形、非岩质土坡、古河道、半填半挖地基及断层破碎地带段，按不利地段确定。
③ 地震时可能发生滑坡、崩塌、地陷（裂）、泥石流等及发震断裂带可能发生地表位错的地段，按危险地段确定。

通常情况下，场地等级的确定，从一级开始，向二级、三级推定，以最先满足判断条件为准。

1.1.3 地基等级

地基等级应视地基岩土条件的复杂的程度，主要从建筑抗震稳定性、不良地质作用发育情况、地质环境破坏程度、地形地貌条件和地下水条件等方面综合考虑。按下列规定分为一、二、三级三个等级。

（1）符合下列条件之一者为一级地基（复杂地基）：
① 岩土种类多、很不均匀、性质变化大（地下水对工程影响大），且需特殊处理。
② 多年冻土，湿陷、膨胀、盐渍及污染严重的特殊性岩土，以及其他复杂情况需要专门处理的岩土。

（2）符合下列条件之一者为二级地基（中等复杂地基）：
① 岩土种类较多、不均匀、性质变化较大（地下水对工程有不利影响）。
② 除上述规定以外的特殊性岩土。

（3）符合下列条件之一者为三级地基（简单地基）：
① 岩土种类单一、均匀、性质变化不大（地下水对工程无影响）。
② 无特殊性岩土。

地基等级确定亦按照场地等级原则确定。

1.1.4 岩土工程勘察等级

地基岩土工程勘察等级的划分应符合表 1.2 规定。

表 1.2 岩土工程勘察等级划分表

勘察等级	确定勘察等级的条件		
	工程重要性等级	场地等级	地基等级
甲级	一级	任意	任意
	二级	一级	任意
		任意	一级
乙级	二级	二级	二级或三级
		三级	二级或三级
	三级	一级	任意
		二级	二级或三级
		三级	二级
丙级	二级	三级	三级
	三级	二级	三级
		三级	三级

注：建筑在岩质地基上的一级工程，当场地复杂程度和地基复杂程度等级均为三级时，岩土工程勘察等级可定为乙级。

1.2 地基岩土分类与鉴定

地基岩土分类与鉴定为野外观察与描述中应掌握的方法与原则。换句话说，是到现场怎样动手，怎样下笔的内容。

1.2.1 岩石的工程分类与描述

1）岩石的工程分类

（1）按成因可分为岩浆岩、沉积岩、变质岩；

（2）根据强度、风化程度及结构类型的岩石分类，应符合表 1.3、表 1.4、表 1.5 规定。

表 1.3 岩石按强度分类

类别	亚类	硬度/MPa	代表性岩石
硬质岩石	极硬岩石	>60	花岗岩、花岗片麻岩、闪长岩、玄武岩、石灰岩、石英砂岩、石英岩、大理岩、硅质砾岩等
硬质岩石	次硬岩石	30~60	花岗岩、花岗片麻岩、闪长岩、玄武岩、石灰岩、石英砂岩、石英岩、大理岩、硅质砾岩等
软质岩石	次软岩石	5~30	黏土岩、页岩、千枚岩、绿泥石片岩、云母片岩等
软质岩石	软质岩石	<5	黏土岩、页岩、千枚岩、绿泥石片岩、云母片岩等

注：强度指新鲜岩块的饱和单轴极限抗压强度。当无法取得饱和单轴抗压强度数据时，可用点荷载强度换算，换算方法按现行国家标准《工程岩体分级标准》(GB 50218)执行。

表 1.4 岩石按风化程度分类

风化程度	野外特征	风化程度参数指标 波速比 K_v	风化程度参数指标 风化系数 K_f
未风化	岩质新鲜，偶见风化痕迹	0.9~1.0	0.9~1.0
微风化	结构基本未变，仅节理面有渲染或略有变色，有少量风化痕迹	0.8~0.9	0.8~0.9
中等风化	结构部分破坏，沿节理面有次生矿物、风化裂隙发育，岩体被切成岩块。用镐难挖，用岩芯钻方可钻进	0.6~0.8	0.4~0.8
强风化	结构大部分破坏，矿物成分显著变化，风化裂隙很发育，岩体破碎，用镐可挖，干钻不易钻进	0.4~0.6	<0.4
全风化	结构基本破坏，但尚可辨认，有残余结构强度，可用镐挖，干钻可钻进	0.2~0.4	
残积土	组织结构全部破坏，已风化成土状，锹镐易挖掘，干钻易钻进，具可塑性	<0.2	

注：① 波速比 K_v 为风化岩石与新鲜岩石压缩波速度之比。
② 风化系数 K_f 为风化岩石与新鲜岩石饱和单轴抗压强度之比。
③ 岩石风化程度，除按表列特征和定量指标之外，也可根据当地经验划分。

表 1.5 岩体结构类型分类

岩体结构类型	岩体地质类型	主要结构体形状	结构面发育情况	岩土工程特征	可能发生的岩土工程问题
整体状结构	巨块状岩浆岩、变质岩、巨厚层沉积岩	巨块状	以层面和原生构造节理为主，多呈闭合型，结构面间距大于 1.5 m，一般为 1~2 组，无危险结构面组成的落石、掉块	整体性强度高，岩体稳定，在变形特征上可视为均质弹性各向同性体	要注意由结构面组合而成的不稳定结构体的局部滑动或坍塌，深埋洞室要注意岩爆
块状结构	厚层状沉积岩、块状岩浆岩、变质岩	块状、柱状	只具有少量贯穿性较好节理裂隙，结构面间距 0.7~1.5 m。一般为 2~3 组，有少量分离体	整体强度较高，结构面相互牵制，岩体基本稳定，在变形特征上接近弹性各向同性体	要注意由结构面组合而成的不稳定结构体的局部滑动或坍塌，深埋洞室要注意岩爆

4

续表

岩体结构类型	岩体地质类型	主要结构体形状	结构面发育情况	岩土工程特征	可能发生的岩土工程问题
层状结构	多韵律的薄层及中厚层状沉积岩、副变质岩	层状、板状	层理、片理、节理裂隙，但以风化裂隙为主，常有层间错动面	岩体接近均一的各向异性体，其变形及强度特征受层面控制，可视为弹塑性体，稳定性较差	可沿结构面滑塌，可产生塑性变形
破裂状结构	构造影响严重的破碎岩层	碎块状	层理及层间结构面较发育，结构面间距0.25~0.50 m，一般在3组以上，有许多分离体	完整性破坏较大，整体强度很低，并受软弱结构面控制，多呈弹塑性体，稳定性很差	易引起规模较大的岩块失稳，地下水加剧岩体失稳
散体状结构	断层破碎带、强风化及全风化带	碎屑状	构造及风化裂隙密集，结构面错综复杂，并多充填黏性土，形成无序小块和碎屑	完整性遭到极大破坏，稳定性极差，岩体属性接近松散体介质	

（3）按软化系数 K_R 的大小可分为软化岩和非软化岩。当 $K_R \leqslant 0.75$ 时，应定为软化岩石；当 $K_R > 0.75$ 时，则定义为非软化岩石。

（4）当岩石具有特殊成分、结构和性质时，应定义为特殊性岩石，并分为易溶性岩石、膨胀性岩石、崩解性岩石和盐渍性岩石等。

2）岩石的鉴定描述

岩石的描述包括成因、时代、名称、颜色、主要矿物成分、结构、构造和风化程度。对沉积岩尚应描述沉积物的颗粒大小、形状、胶结物成分和胶结程度；对岩浆岩和变质岩应描述矿物结晶大小和结晶程度。岩石的描述还应包括结构面、结构体和岩层厚度，并应符合下列规定。

（1）结构面描述包括类型、性质、产状、组合形式、发育程度、延展程度、闭合程度、粗糙程度、填充情况和充填物性质以及充水情况等。

（2）结构体的描述包括类型、形状、规模及其围岩中的受力情况等。

（3）岩层厚度分类按表1.6确定。

表1.6 岩层厚度分类表

层厚分类	单层厚度 h/m
巨厚层	$h>1.0$
厚层	$1.0 \geqslant h > 0.5$
中厚层	$0.5 \geqslant h > 0.1$
薄层	$h \leqslant 0.1$

1.2.2 土的工程分类与定名

自然界中土的种类很多，工程性质各异，为了便于研究，需要按其堆积年代、地质成因、主要特征等进行分类。土的工程分类主要根据土的粒径、界限含水率、有机质存在情况等基本特征，将性质相近的土分成一类。以便于描述土体，评价土的性质，便于岩土工程的设计和施工。

（1）按堆积年代可将土分为以下三类：

① 老堆积土：第四纪晚更新世（Q_3）及其以前堆积的土层。

② 一般堆积土：第四纪全新世（Q_4）文化期以前堆积的土层。

③ 新近堆积土：第四纪全新世（Q_4）文化期以来新近堆积的土层，一般呈欠固结状态。

（2）根据地质成因可划分为残积土（el）、坡积土（pl）、洪积土（dl）、冲积土（al）、淤积土、冰积土和风积土。

（3）土根据有机物含量成分，应符合表1.7的规定。

表1.7 土按有机物含量分类

分类名称	有机质含量W_u	现场鉴别特征	说　明
无机土	$W_u<5\%$		
有机质土	$5\% \leq W_u \leq 10\%$	深灰色，有光泽，味臭，除有腐殖质外尚含少量未完全分解的动植物体，浸水后水面出现气泡，干燥后体积有收缩	1.如现场能鉴别有机质土或有地区经验时，可不做有机质含量测定； 2.当$w>w_L$，$1.0 \leq e<1.5$时称淤泥质土，当$w>w_L$，$e \geq 1.5$时称淤泥
泥炭质土	$10\%<W_u \leq 60\%$	深灰色或黑色，有腥臭味，能看到未完全分解的植物结构，浸水体胀，易崩解，有植物残渣浮于水中，干缩现象明显	根据地区特点和需要，也可按W_u细分： 弱泥质炭质土（$10\%<W_u \leq 25\%$） 中泥质炭质土（$25\%<W_u \leq 40\%$） 强泥质炭质土（$40\%<W_u \leq 60\%$）
泥炭	$W_u>60\%$	除有泥炭质土特征外，结构松散，土质很轻，暗无光泽，干缩现象极为明显	

注：有机质含量W_u按灼失量试验确定。

（4）土按颗粒级配或塑性指数（I_P）可划分为碎石土、砂土、粉土、黏性土，具体规定如下。

① 碎石土和砂土的划分应符合表1.8、表1.9的规定。

碎石土：粒径大于2 mm的颗粒质量超过总质量50%的土。

砂土：粒径大于2 mm的颗粒质量不超过总质量50%、粒径大于0.075 mm的颗粒质量超过总质量50%的土。

② 粉土：粒径大于 0.075 mm 的颗粒不超过全部质量的 50%，且塑性指数 $I_P \leqslant 10$。
③ 黏性土：根据塑性指数分为粉质黏土和黏土。当 $10<I_P \leqslant 17$，定为粉质黏土；当 $I_P>17$ 时，定为黏土。

表 1.8 砂土分类

土的名称	颗 粒 级 配
砾砂	粒径大于 2 mm 的颗粒质量占总质量 25%～50%
粗砂	粒径大于 0.5 mm 的颗粒的质量超过总质量 50%
中砂	粒径大于 0.25 mm 的颗粒质量超过总质量的 50%
细砂	粒径大于 0.075 mm 的颗粒质量超过总质量的 85%
粉砂	粒径大于 0.075 mm 的颗粒质量超过总质量的 50%

注：定名时应该按照颗粒级配由大到小以最先符合者确定。

表 1.9 碎石土分类

土的名称	颗粒形状	颗 粒 级 配
漂石	圆形及亚圆形为主	粒径大于 200 mm 的颗粒的质量超过总质量的 50%
块石	棱角为主	
卵石	圆形及亚圆形为主	粒径大于 20 mm 的颗粒质量超过总质量的 50%
碎石	棱角为主	
圆砾	圆形及亚圆形为主	粒径大于 2 mm 的颗粒质量超过总质量的 50%
角砾	棱角形为主	

（5）土的综合分类定名应符合下列规定：
① 对特殊成因和年代的土，可结合其成因及年代特征定名，如新近堆积砂质粉土、残坡积碎石土等。
② 对特殊土，可结合颗粒级配或塑性指数综合定名，如淤泥质黏土、弱盐渍砂质粉土、碎石素填土等。
③ 对于同一土层中相间成韵律沉积时，当薄层与厚层的厚度比为 1/10～1/3，宜定名为"夹层"，厚的土层写在前面，如黏土夹粉砂层；当厚度比大于 1/3，宜定名为"互层"，如黏土与粉砂互层；厚度比小于 1/10 的土层，且有规律地多次出现，宜定名为"薄夹层"，如黏土夹薄层粉砂。
④ 对于混合土，应冠以主要含有的土类定名，如碎石黏土、含黏土角砾等。
⑤ 当土层厚度大于 0.5 m 时，宜单独分层。

1.2.3 土的鉴定描述

（1）土的描述应符合下列规定：

① 碎石土应描述颗粒级配、形状、母岩成分、风化程度、充填物性质及充填程度、密实度及层理特征等。

② 砂土应描述颜色、矿物组成、颗粒级配、颗粒形状、黏土含量、湿度、密实度及层理特征等。

③ 粉土应描述颜色、颗粒级配、充填物、湿度、密实度及层理特征等。

④ 黏性土应描述颜色、状态、湿度、充填物、土层结构及层理特征等；其中，土的颜色描述一般为复色，次色在前，主色在后；土的充填物描述包括成分、含量百分比、粒径以及形状等，无充填物则描述土质均一；其他方面描述如搓条、滑腻感、斑纹、干裂、虫孔以及嗅味等。

⑤ 特殊土除应描述上述相应土类规定的内容外，还应描述各层的厚度及层理特征。

⑥ 对具有夹层、互层、薄夹层特征的土层，还应描述各层的厚度及层理特征。

（2）碎石土的密实度可分为密实、中密和稍密，并符合表1.10的规定。

表 1.10 碎石土密实度野外鉴定方法

密实度	骨架颗粒含量和排列	可挖性	可钻性
密实	骨架颗粒质量大于总质量的70%，呈交错排列，连续接触	锹镐挖掘困难，用撬棍方能松动，井壁较稳定	钻进困难，钻杆、吊锤跳动剧烈，孔壁较稳定
中密	骨架颗粒质量等于总质量的60%~70%，呈交错排列，大部分接触	锹镐可挖掘，井壁有掉块现象，从井壁取出大颗粒处，能保持颗粒凹面形状	钻进较困难，钻杆、吊锤跳动不剧烈，孔壁有坍塌现象
松散	骨架颗粒质量小于总质量的60%，排列混乱，大部分不接触	锹镐可以挖掘，井壁易坍塌，从井壁取出大颗粒后，立即坍塌	钻进较容易，钻杆稍有跳动，孔壁易坍塌

（3）砂土的密实度应根据标准贯入锤击数 N 值划分为密实、中密、稍密和松散，并应符合表1.11的规定。

表 1.11 按标准贯入锤击数 N 值确定砂土密实度

N 值	密实度
$N \leqslant 10$	松散
$10 < N \leqslant 15$	稍密
$15 < N \leqslant 30$	中密
$N > 30$	密实

（4）粉土的密实度应根据孔隙比 e 划分为稍密、中密和密实，其湿度应根据含水率 $w(\%)$ 分为稍湿、湿、很湿，并分别按表 1.12 及表 1.13 的规定确定。

（5）黏性土为塑性指数 $I_P>10$ 的土，可按表 1.14 规定划分为黏土、粉质黏土，其状态按表 1.15 分为坚硬、硬塑、可塑、软塑及流塑。

表 1.12　按孔隙比 e 确定粉土密度

e 值	密实度
$e<0.75$	密实
$0.75 \leqslant e \leqslant 0.9$	中密
$e>0.9$	稍密

表 1.13　按含水率 $w(\%)$ 确定粉土的湿度

$w(\%)$	湿度
$w<20$	稍湿
$20 \leqslant w \leqslant 30$	湿
$w>30$	很湿

表 1.14　黏性土分类

塑性指数 I_P	土的名称
$I_P>17$	黏土
$10<I_P \leqslant 17$	粉质黏土

注：塑性指数由 76 g 圆锥体沉入深度为 10 cm 时测定的液限计算而得：$I_P = w_L - w_P$

表 1.15　黏性土的状态

液性指数 I_L	状态
$I_L \leqslant 0$	坚硬
$0<I_L \leqslant 0.25$	硬塑
$0.25<I_L \leqslant 0.75$	可塑
$0.75<I_L \leqslant 1$	软塑
$I_L>1$	流塑

注：$I_L = (w-w_P)/(w_L-w_P) = (w-w_P)/I_P$。

（6）淤泥是在静水或缓慢流水环境中沉积，并经生物化学作用形成的，是天然含水率大于液限、天然孔隙比 $e \geqslant 1.5$ 的黏性土，但 $1.0 \leqslant e<1.5$ 的土应为淤泥质土。

（7）人工填土据其组成及成因，分为素填土、杂填土及冲填土。素填土为由碎石土、砂土、粉土及黏性土等组成的填土；杂填土为含有建筑垃圾、工业废料、生活垃圾等杂物的填土；冲填土为水力冲填泥沙形成的填土。

第2章 勘察方法及技术要求

2.1 依据及基本要求

（1）地基岩土工程勘察工作的依据主要有：
① 国家或行业、地方现行技术标准：
《岩土工程勘察规范》(GB 50021—2001)；
《建筑地基基础设计规范》(GB 50007—2002)；
《建筑抗震设计规范》(GB 50011—2010)；
《建筑工程勘察文件编制深度规定》(2003年)；
《土工试验方法标准》(GB/T 50123—1999)；
《成都地区建筑地基基础设计规范》(DB51/T5026—2001)；
《PY型预钻式旁压试验规程》(JGJ 69—90)；
《建筑桩基技术规范》(JGJ 94—2008)
《铁路工程抗震设计规范》(GBJ 111—2006)
……
② 建设方提供的建筑总平面图及拟建（构）筑物的性质。
③ 场地周边已有的工程地质和水文地质勘察资料成果。
（2）地基岩土工程勘察应在了解荷载、结构类型、变形要求的基础上进行，其主要工作内容应符合下列规定：
① 查明场地与地基的稳定性、地层的类别、厚度和坡度、持力层和下卧层的工程特性、应力史和水利条件等。
② 提供满足设计、施工所需的岩土工程技术参数。
③ 确定地基承载力，预测地基沉降及其均匀性。
④ 提出地基及基础设计方案建议。

2.2 工程勘察阶段

2.2.1 可行性研究勘察阶段

（1）可行性研究勘察阶段，应对拟建场地的稳定性和适应性作出评价，并应符合下列要求：

① 搜集区域地质、地形地貌、地震、矿产、当地的工程地质条件、岩土工程和建筑经验等资料。

② 在充分搜集和分析已有资料的基础上，通过踏勘了解场地的地层、构造、岩性、不良地质作用和地下水等工程地质条件。

③ 对工程地质条件复杂，已有资料不能满足要求，但其他方面条件较好且倾向于选取的场地，应根据具体的情况进行工程地质测绘及必要的勘探工作。

（2）确定建筑场地时，在工程地质条件方面宜避开下列的地区或区段：

① 不良地质现象发育且对场地稳定性有直接危害或潜在威胁的。

② 地基土性质严重不良的。

③ 对建筑物抗震有危险的。

④ 地下有未开采的有价值矿藏或未稳定的地下采空区。

2.2.2 初步勘查阶段

（1）初步勘查阶段应对场地内建筑物地段的稳定性做出岩土工程评价，应进行下列主要工作：

① 搜集可行性研究阶段岩土工程勘查报告，取得建筑区范围的地形图及有关工程地质性质、规模的文件。

② 初步查明地层、构造、岩土物理力学性质、地下水埋藏条件及冻结深度。

③ 查明场地下不良地质现象的成因、成分、对场地稳定性的影响与其发展趋势。

④ 对抗震设防烈度大于或等于Ⅵ度的场地，应对场地和地基的地震效应做出初步评价。

⑤ 季节性冻土地区，应调查场地土的标准冻结深度。

⑥ 初步判定水和土对建筑材料的腐蚀性。

⑦ 高层建筑初步勘察时，应对可能采取的地基基础类型、基坑开挖与支护、工程降水方案进行初步分析评价。

（2）初步勘查应在搜集分析已有资料的基础上，根据需要进行工程地质测绘或调查及勘探、测试和物探工作。

勘探点、线、网的布置应符合下列要求：

① 勘探线应垂直勘探单元边界线、地质构造线及地层界线。

② 宜按勘探线布置测点，并在每个地貌单元及其交结部位布置勘探点，在微地貌和地层变化较大的地段，勘探点应予以加密。

③ 在地形平坦地区，可按方格网布置勘探点。

（3）初步勘查阶段勘探线，勘探点间距可根据岩土工程勘察等级按表2.1确定。

表 2.1 勘探线、点间距

岩土工程勘察等级	线距/m	点距/m
甲级	50~100	30~50
乙级	75~100	40~100
丙级	150~300	75~200

注：表中数据不适用于地球物理勘探。

初步勘察勘探孔深度可按表 2.2 确定。

表 2.2 初步勘探孔深度

岩土工程勘察等级	勘探孔类别	
	一般性勘探孔/m	控制性勘探孔/m
甲级	≥15	≥30
乙级	10~15	15~30
丙级	6~10	10~20

注：① 勘探孔包括钻孔、探井及原位测试孔。
② 进行波速测试、旁压试验、长期观测等特殊用途的钻孔除外。

控制性勘探孔宜占勘探孔深度总数的 1/5~1/3，且每个地貌单元或每幢重要建筑物均应有控制性勘探点。

（4）当遇下列情况之一时，应适当增减勘探孔深度：
① 当勘探孔的地面标高与预计整平地面标高相差较大时，应按其差值调整勘探孔深度。
② 在预定深度内遇基岩时，除控制性勘探孔仍应钻入基岩适当深度外，其他勘探孔达到确认的基岩后即可终止钻进。
③ 在预定深度内有厚度较大且分布均匀的坚实土层（如碎石土、密实砂、老沉积土等）时，除控制性勘探孔应达到规定深度外，一般性勘探孔的深度可适当减小。
④ 当预定深度内有软弱土层时，勘探孔深度应适当增加，部分控制性勘探孔应穿透软弱土层或达到预计控制深度。
⑤ 对重型工业建筑应根据结构特点和荷载条件适当增加勘探孔深度。

（5）初步勘察取土试样和原位测试工作应符合下列要求：
① 采取土试样和进行原位测试的勘探点应结合地貌单元、地层结构和土的工程性质布置，其数量可占勘探点总数的 1/4~1/2。
② 取土试样或原位测试的数量和竖向间距，应按地层特点和土的均匀程度确定。每层土均应采取土试样或进行原位测试，其数量不少于 6 个。

（6）初步勘察时，应进行下列水文地质工作：
① 调查含水层的埋藏条件，地下水类型、补给和排汇条件，实测各层地下水位，并初步

确定其变化幅度；必要时应设长期观测孔。

② 当需绘制地下水等水位线时，应统一观测地下水位。

③ 当地下水有可能浸没或浸湿基础时，应根据其埋藏特征采取有代表性的水试样进行腐蚀性分析，其取样地点不应少于2处。水、土对建筑物材料和金属的腐蚀性评价，应符合相关规范的规定。

2.2.3 详细勘察阶段

（1）详细勘察阶段，应按单体建筑物或建筑群提出详细的岩土工程资料和设计所需的岩土工程参数；对建筑地基应作出岩土工程分析评价，并应对基础设计、地基处理、基坑支护、工程降水和不良地质作用的防治等提出建议。主要应进行下列工作：

① 取得附有坐标及地形的建筑物总平面布置图，各建筑物的地面整平标高，建筑物的性质、规模、结构特点，可能采取的基础形式、尺寸、预计埋置深度，对地基基础设计的特殊要求等。

② 查明不同地质现象的成因、类型、分布范围、发展趋势及危害程度，并提出评价与整治所需的岩土技术参数和整治方法建议。

③ 查明建筑物范围各层岩土的类别、结构、厚度、坡度、工程特性，计算和评价地基的稳定性和承载力。

④ 对需进行沉降计算的建筑物，提供地基变形计算参数，预测建筑物的沉降、差异沉降或整体倾斜。

⑤ 对抗震设防烈度大于或等于Ⅵ度的场地，应划分场地土类型和场地类别；对抗震烈度设防大于或等于Ⅶ度的场地，尚需分析预测地震效应，判定饱和砂土和饱和粉土的地震液化，并应计算液化指数。

⑥ 查明地下水的埋藏条件。基坑降水设计时尚应查明水位变化幅度与规律，提出地层的渗透性。

⑦ 按有关规定判定环境水对建筑材料和金属材料的腐蚀性。

⑧ 判定地基土和地下水在建筑物施工和使用期间可能产生的变化及其对工程的影响，提出防治措施及建议。

⑨ 对深基坑开挖尚应提供稳定计算和支护设计所需的岩土工程技术参数；论证和评价基坑开挖及对临近工程的影响。

⑩ 提供桩基设计所需的岩土技术参数，并确定单桩承载力；提出桩的类型、长度和施工方法等建议。

（2）详细勘察的勘探点布置应按岩土工程勘察等级确定，并应符合下列规定：

① 对安全等级为一级、二级的建筑物，宜按主要柱列线或建筑物的周边线布置勘测点；对三级建筑物可按建筑物或建筑群的范围布置勘测点。

② 对重大设备基础应单独布置勘探点；对重大的动力机器基础，勘探点不宜少于 3 个。
③ 在复杂地质条件或特殊岩土地区宜布置适量的探井。
④ 高耸构造物应专门布置必要数量的勘探点。

（3）详细勘察的勘探点间距可按表 2.3 确定。

表 2.3 详细勘察勘探点间距

岩土工程勘察等级	间距/m
甲级	10~15
乙级	15~30
丙级	30~50

详细勘察勘探孔的深度自基础底面算起，其值应符合下列规定：

① 对按承载力计算的基础，勘察孔深度应能控制地基主要受力层。当基础底面宽度 b 不大于 5 m 时，勘探孔深度对条形基础应为基础底面宽度的 3 倍；对单独柱基应力为 1.5 倍，但不小于 5 m。
② 大型设备基础勘探孔深度不宜小于基础底面的 2~3 倍。
③ 对需要进行变形验算的地基，控制性勘探孔的深度应超过地基沉降计算深度，并考虑相邻基础的影响，其深度可按表 2.4 确定。
④ 当有大面积底面荷载或软弱下卧层时，应适当加深钻探孔的深度。

表 2.4 控制性勘探孔深度

基础底面宽度 b/m	勘探孔深度/m		
	软土	一般性黏土、粉土及砂土	老堆积土、密实砂土及碎石土
$b \leq 5$	3.5 b	3.0 b~3.5 b	3.0 b
$5<b\leq10$	2.5 b~3.5 b	2.0 b~3.0 b	1.5 b~3.0 b
$10<b\leq20$	2.0 b~2.5 b	1.5 b~2.0 b	1.0 b~1.5 b
$20<b\leq40$	1.5 b~1.0 b	1.2 b~1.5 b	0.8 b~1.0 b
$b>40$	1.3 b~1.5 b	1.0 b~1.2 b	0.6 b~0.8 b

注：① 表内数据使用于均质地基，当地基为多层土时则根据表列数据予以调整。
　　② 圆形基础可采用直径 d 代表基础底面宽度 b。

（4）详细勘察取样和测试应符合下列要求：

① 取土试样和进行原位测试的孔（井）数量，应按地基土的均匀性和设计要求确定，并宜取勘察孔总数的 1/2~2/3，对安全等级为一级的建筑物每幢不得少于 3 个。
② 取土试样在原位测试点的竖向间距，在地基主要受力层内宜为 1~2 m；对每个场地和每幢安全等级为一级的建筑物，每一主要土层的原状土式样不少于 6 件；同一土层的孔内原位测试数据不应少于 6 组。

③ 在地基土持力层内,对厚度大于 50 cm 的夹层或透镜体应采取土试样或进行孔内原位测试。
④ 当土质不均或结构松散,难以采取土试样时,可采用原位测试。

2.2.4 施工勘察阶段

当遇到下列情况之一时,应配合设计施工单位进行施工勘察:
(1)对安全等级为一级、二级的建筑物,应进行施工验槽。
(2)基槽开挖后,岩土条件与原勘察资料不符时,应进行施工勘察。
(3)在地基处理及深基开挖施工中,宜进行检验和监测工作。
(4)地基中溶洞或土洞较发育,应查明原因,进行监测并提出处理建议。
(5)施工中出现有边坡失稳危险,应查明原因,进行监测并提出处理建议。

2.3 高层建筑施工勘察

2.3.1 勘探点的布置要求

高层建筑详细勘察勘探点的布置,除应符合上述要求外,还应满足下列要求:
(1)勘探点应按建筑物周边线布置,角点和中心点应有勘探点。
(2)勘探点的布置应满足纵横方向对地层结构和均匀性的评价性要求,其间距宜取 15 ~ 35 m。
(3)高层建筑群可共同勘探点按网格布点。
(4)特殊体型的建筑物应按其体型变化布置探点。
(5)单幢高层建筑的勘探点不应少于 4 个,其中控制性勘探点不少于勘探点总数的 1/3 且不少于 2 个。

2.3.2 勘探孔的深度要求

高层建筑勘探孔的深度宜按下列要求确定:
(1)当采用箱型基础或筏板基础时,控制性勘探孔深度应大于压缩层的下限;一般性勘探孔应能控制主要受力层,亦可按式(2.1)计算。

$$Z = d + ab \tag{2.1}$$

式中 Z——勘探孔深度(m);
d——箱型基础或筏型基础的埋深(m);
b——基础底面宽(m),对圆形或环形基础按最大直径考虑;
a——与压缩层深度有关的经验系数,可按表 2.5 取值。

（2）当采用桩基或墩基基础时，勘探孔深度应符合下列规定：

① 对于端承桩或以端承力为主的桩（墩），控制性勘探点深度应达到预计桩尖平面以下 3~5 m 或 6~10 倍桩身宽度（直径）；一般性勘探点应达到预计持力层内 1~2 m。对于基岩持力层，控制性勘探点应达到微风化内 3~5 m；一般性勘探点深入微风化带 1~2 m；遇断层破碎带应予钻穿，进入较完整岩体 3~5 m。

表 2.5 经验系数 a 值

勘探孔类别	土的类型				
	碎石土	砂土	粉土	黏性土（含黄土）	软土
控制孔	0.5~0.7	0.7~0.9	0.9~1.2	1.0~1.5	2.0 1.0
一般孔	0.3~0.4	0.4~0.5	0.4~0.5	0.6~0.9	

注：表中 a 值，当土的堆积年老，密实或在地下水位以上时取小值，反之取大值。

② 对于摩擦桩或以摩擦桩为主的桩，控制性勘探点的深度应超过预计桩长 3~5 m；一般性勘探点应超过预计桩长 1~2 m。当需计算群桩变形时，可将桩群视为假想的实体基础，此时控制性勘探点的深度应超过桩尖平面算起的压缩层深度，可按照式 2.1 中的 b 考虑压缩层深度（b 为假想的实体基础底面宽度），亦可按附加压力与自重压力之比为 20% 计算。在此深度内，如遇到不可压缩的坚硬土层，可终止勘探。

2.3.3 相关方案建议

高层建筑的详细勘察应判明深基坑稳定性及其对相邻工程保护的影响，并应提出设计计算所需的岩土工程技术参数和方案建议。

当埋深低于地下水位时，应根据施工降水和临近工程保护的需要，提供降水设计所需的计算参数和方案建议；必要时应进行抽水试验等水文地质测试。

2.4 勘 探

2.4.1 基本规定

（1）当需要查明岩土的性质和分布、在进行采取岩土试样或进行原位测试时，可采用钻探、井探、槽探、洞探和地球物理勘探等。勘探方法的选取应符合勘察目的及岩土的特性。

（2）布置勘探工作时应考虑勘探对工程及自然环境的影响。钻孔、探井、探槽及探洞完工后宜妥善回填。

（3）静力触探、动力触探作为勘探手段时应与钻探等其他勘探方法配合使用。

2.4.2 钻 探

（1）钻探方法可根据地层类别及勘察要求按表2.6选择。
（2）勘探浅部土层可采用下列钻探方法：
① 小口径麻花钻（或提土）钻进。
② 小口径勺形钻钻进。
③ 洛阳铲钻进。
（3）钻探口径及钻具规格符合现代国家标准的规定。成孔径应满足取样、测试以及钻进工艺的要求。

表2.6 钻探方法的适用范围

钻探方法		钻进地层					勘察要求	
		黏性土	粉土	砂土	碎石土	岩石	直观鉴别、采取不扰动试样	直观鉴别、采取不扰动试样
回转	螺旋钻探	++	+	+	-	-	++	++
	无岩芯钻探	++	++	++	+	++	-	-
	岩芯钻探	++	++	++	+	++	+	++
冲击	冲击钻探	-	+	++	++	-	-	-
	锤击钻探	++	++	++	+	-	++	++
振动钻探		++	++	++	+	-	-	++
冲洗钻探		+	++	++	-	-	-	-

注：++适用，+部分适用，-不适用。

（4）钻探应符合下列规定：
① 钻进深度和岩土分层深度的测量误差范围为±0.05 m。
② 非连续取芯钻进的回次进尺，对螺旋钻探应在1 m以内；对岩芯钻探应为2 m以内。
③ 对鉴别岩土天然性质的钻孔，在地下水位以上应进行干钻。当必须加水或使用循环液时，应采用双层岩芯管钻进。
④ 岩芯钻探的岩芯采取率，对一般岩石不应低于80%，对破碎岩石不应低于65%。对需要重点查明的部分（滑动带、软弱夹层等）应采用双层岩芯管连续取芯。当需确定岩石质量指标RQD时，应采用75 mm口径（N型）双层岩芯管，且宜采用金刚石钻头。
（5）钻孔的记录和编录应符合下列要求：
① 野外记录应由经过专业训练的人员承担。记录应真实、及时，按钻进回次逐段填写，严禁事后追记。
② 钻探现场描述可采用肉眼鉴别和手触方法，有条件或勘察工作有明确要求时，可采用微型贯入仪等定量化、标准化的方法。

③ 钻探成果可用钻孔野外柱状图表示。岩土芯样可根据工程要求保存一定期限或长期保存，亦可拍摄岩、土芯彩照纳入勘察成果资料。

④ 野外鉴别地基土要求快速，但又无仪器设备，主要凭感觉和经验。对碎石土和砂土的颗粒大小鉴别方法，常规是利用日常的食品如绿豆、小米、砂糖、玉米面的颗粒物作为标准，来进行对比鉴别；对黏性土和粉土的鉴别方法，可根据手搓滑腻感或砂感等感觉，加以区分和鉴别。土的野外鉴别描述内容如下：

a. 颜色：土样的颜色取决于组成该土的矿物成分和含有的其他成分。描述时次色在前，主色在后，例如，黄褐色，以褐色为主色，次为黄。若土中含氧化铁，则土呈红色或者棕色；土中含有有机质，则土呈黑色，土内含较多的碳酸钙、高岭土，则土呈白色。

b. 密度：土层的松密是鉴定土质优劣的重要方面。在野外描述时可根据钻进的速度和难易，来判别土的密实程度。同时可在钻头提取后，在钻头侧面窗口部位用刀切出一个新鲜面来观察，并用大拇指加压的感觉来判定松密。在钻孔记录表上注明每一层土属于密实、中密或者稍密。

c. 湿度：土的湿度分为干燥、稍湿、湿润与很湿（饱和）四种。

通常，地下水位埋藏深，在旱季地表土层往往是干燥的；接近地下水位的黏性土或者粉土因毛细水上升，往往是湿润的；在地下水位以下，一般是饱和的。

d. 黏性土的稠度状态：黏性土的稠度是决定土工程性质好坏的一个重要指标，根据稠度可将黏性土状态分为坚硬、硬塑、可塑、软塑、流塑五种。

e. 充填物：土中含有其他的物质。例如：碎砖、瓷片、炉渣、贝壳、铁锰质结核等。有些地区粉质黏土或粉土中含坚硬的碳酸钙结核（俗称姜结石）。海滨等地区往往含有贝壳。记录表中应注明充填物的大小、颜色和含量。

f. 其他：碎石土与砂土应该描述级配、砾石含量、最大粒径、主要矿物成分。黏性土还应该描述断面形态、孔隙大小、粗糙程度、是否有层理等。邻近设施对土质的影响，如管道漏水则使得黏性土稠度变软、地下水位抬高等。

2.4.3 井探、槽探、洞探

（1）当钻探方法难以准确查明地下情况时，可采用探井、探槽进行勘探。

在坝址、地下工程、大型边坡等勘察中，当需详细调查深部岩层性质及其构造特征时，可以采用竖井或平洞。

（2）探井的深度不宜超过地下水位。竖井和平洞的深度、长度、断面按工程要求确定。

（3）对探井、探槽、探洞除文字描述记录外，尚应以剖面图、展开图等反映井、槽、洞壁及底部的岩性、地层分界、构造特征、取样及原位试验位置，并辅以代表性部位的彩色照片。

2.5 岩土取样

（1）土试样质量可根据试验目的按表 2.7 分为四个等级。

表 2.7　土试样质量等级划分

级别	扰动程度	试验内容
I	不扰动	土类定名、含水量、密度、强度试验、固结试验
II	轻微扰动	土类定名、含水量、密度
III	显著扰动	土类定名、含水量
IV	完全扰动	土类定名

注：① 不扰动是指原位应力状态虽改变，但土的结构、密度、含水量变化很小，能满足室内试验各项要求。
②　除地基基础设计等级为甲级的工程外，如确无条件采取 I 级土试样，在工程技术要求允许的情况下以 II 级土试样代用，但宜先对土样扰动程度做抽样鉴定，判定用于试验的适宜性，并结合地区经验使用试验成果。

（2）取样工具或方法可按表 2.8 选择。

表 2.8　不同等级土试样要求的取样工具或方法

土试样质量等级	取样工具和方法		适用土类									
			黏性土					粉土	砂土				砾砂、碎石土、软岩
			流塑	软塑	可塑	硬塑	坚塑		粉砂	细砂	中砂	粗砂	
I	薄壁取土器	固定活塞	++	++	+	−	−	+	+	−	−	−	−
		水压固定活塞	++	++	+	−	−	+	+	−	−	−	−
		自由活塞敞口	−	+	++	+	−	+	+	−	−	−	−
			+										
	回转取土器	单动三重管	−	+	++	++	+	++	++	++	−	−	−
		双动三重管	−	−	−	+	++	−	−	−	++	++	+
	探井（槽）中刻取块状土样		++	++	++	++	++	++	++	++	++	++	++
II	薄壁取土器	水压固定活塞	++	++	+	−	−	+	+	−	−	−	−
		自由活塞	+	++	++	+	−	+	+	−	−	−	−
		敞口	++	++	+	−	−	+	+	−	−	−	−
	回转取土器	单动三重管	−	+	++	++	+	++	++	++	−	−	−
		双动三重管	−	−	−	+	++	−	−	−	++	++	++
	厚壁敞口取土器		+	++	++	++	−	+	+	+	+	+	−
III	厚壁敞口取土器		++	++	++	++	+	++	++	++	++	++	−
	标准贯入器		++	++	++	++	++	++	++	++	++	++	−
	螺纹钻头		++	++	++	++	+	+	+	−	−	−	−
	岩芯钻头		++	++	++	++	++	+	+	+	+	+	+
IV	标准贯入器		++	++	++	++	++	++	++	++	++	++	−
	螺纹钻头		++	++	++	++	++	+	−	−	−	−	−
	岩芯钻头		++	++	++	++	++	++	++	++	++	++	++

（3）在钻孔中采取Ⅰ、Ⅱ级土试样时，应满足下列要求：

① 在软土、砂土中宜采用泥浆护壁。如使用套管，应保持管内水位等于或稍高于地下水位，取样位置应低于套管底部三倍孔径以上的距离。

② 采用冲洗、冲击、振动等方式钻进时，应在预计取样位置1 m以上改用回转钻井。

③ 下放取土器前应仔细清孔，孔底残留浮土厚度不应大于取土器废土段长度（活塞取土器除外）。

④ 采取土试样宜用快速静力连续压入法，亦可采用重锤击方法，但应有导向装置，避免锤击时摇晃。

（4）Ⅰ、Ⅱ、Ⅲ级土试样应妥善密封，防止湿度变化，并避免暴晒或冰冻。在运输中应避免振动，保存时间不宜超过三周。对易于振动液化和水分离析的土试样宜就近进行试验。

（5）岩石试样可利用钻探岩芯或在探井、探槽、竖井、平洞中刻取。采取的毛样尺寸应满足试块加工的要求，试样形状、尺寸和方向由岩体力学试验设计确定。

取土样标签的建议表格，如表2.9所示。

表2.9 取土样标签

工程名称		工程地点	
钻孔编号		取样深度	
土样编号		稠度状态	
土样描述		取样人	
取样日期		联系电话	
备注			

2.6 原位测试

2.6.1 基本规定

（1）选择原位测试方法应根据建筑类型、岩土条件、设计对参数的要求、地区经验和测试方法的适用性等因素选择，可按相关规范采用。

（2）选用原位测试方法和布置原位测试时，应注意各项原位测试间的配合及其与钻探、室内试验的配合和对比。

（3）根据原位测试成果，利用地区性经验关系估算岩土物理力学参数和地基承载力时，应检验其可靠性，并与室内试验和已有工程反算参数进行对比。

（4）分析原位测试成果资料时，应注意仪器设备、试验条件、试验方法等对试验的影响，结合地层条件，剔除异常数据。

2.6.2 地基土浅层平板荷载试验

地基土浅层平板载荷试验（Shallow Plate Loading Test）是通过在一定面积的承压板上逐级施加荷载，测求承压板荷载应力主要影响范围内的地基土承载力和变形模量的试验，它反映了承压板下 1.5~2.0 倍承压板直径的范围内，受荷载应力作用下的浅层地基土强度和变形的综合特征。

本试验理论基于土力学的变形和强度理论，工程经验丰富，测试成果可信度较高；本试验也是静探、旁压试验等测试方法进行相关性数据分析的基准性试验。

1. 试验设备

浅层平板载荷试验仪器由反力系统、加荷系统、量测系统三部分组成，如图 2.1-1 和图 2.1-2 所示。

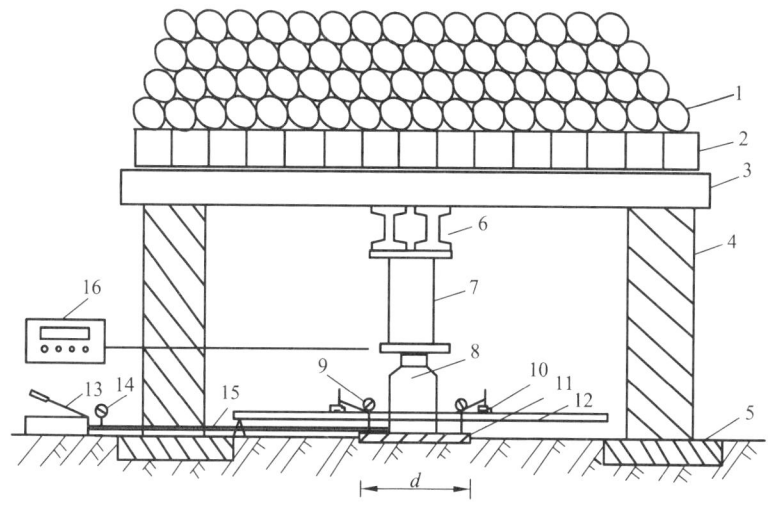

图 2.1-1　土体平板荷载实习试验装置示意图

反力系统：1—堆载重物；2—铺放长 1.5 m，宽 0.25 m 的钢筋混凝土条形板（50 块），整体面积 6 m×1.5 m；
　　　　　3—由长 6 m，宽 0.15 m，厚 0.25 m 工字钢（7 根），组成的反力系统横梁；4—承台；5—承台基础。
加荷系统：6—支托工字钢，长 1.5 m，宽 0.15 m，厚 0.25 m（2 根），垂直横梁放置；7—传力柱；
　　　　　8—千斤顶；11—承压板（圆板）；13—手摇油泵；14—压力表；15—高压油管。
量测系统：9—位移传感器；10—磁力表座；12—磁性表座基准梁（托梁）；16—位移数显仪

图 2.1-2　土体浅层平板荷载试验装置图

（1）加荷系统：由承压板、加荷千斤顶、传力柱、油泵及其稳压装置、高压油管和压力表组成。承压板宜采用圆形刚性板，面积有 1 m²、0.5 m²、0.25 m² 几种规格，分别适于较软至较硬的土层（对于软土和粒径较大的填土不应小于 0.5 m²）。

本试验承压板面积为 0.25 m²（直径 d 为 564 mm），厚 4 mm 的圆形钢板。加荷千斤顶 100 t，油泵为大容量手摇油泵。

（2）反力系统：有堆载法与地锚法两种。本实习试验采用堆载法（反力系统总重约 20 t）。

（3）量测系统：用百分表（50 mm 行程）或位移传感器，磁力表座。

本试验由 4 支行程 50 mm 的位移传感器与 SP8 型位移数显仪组成，观测方便，读数准确。

2. 设备安装

（1）试坑直径应 ≥ 3 d（d 为承压板直径）。

（2）承压板底面与土层接触处应铺设约 2 cm 厚的中、粗砂，以保证承压板水平并与土层均匀接触。

（3）依次安放承压板、千斤顶、传力柱、支托工字钢，整个安装过程一定要轻放，并用水准尺抄平。

（4）安放磁性表座基准梁，托梁两支点距离应大于试坑直径。

（5）在承压板面边缘均布安置 4 支传感器。位移数显仪每个道数字均调至 50 mm 以上。

（6）由于整个测试时间较长，因此试坑应采取防雨、排水措施。

3. 试验操作

（1）加荷标准：荷载按等量分级稳定施加（常规慢速法），加荷等级不应少于 8 级，最大荷载量不应小于设计要求的两倍，每级荷载增量参见表 2.10。

表 2.10 每级荷载增量参考表

试验土层特征	每级荷载增量/kPa
淤泥、流塑状黏性土、饱和粉细砂	小于等于 15
软塑黏性土、粉土、稍密砂土	15～25
可塑-硬塑黏性土、粉土、中密砂土	25～50
坚硬黏性土、粉土、密实砂	50～100
碎石土、软岩石、风化岩石	100～200

（2）稳定标准：每加一级荷载，第一小时按 5、5、10、10、15、15 min 观测沉降，以后间隔 30 min 观测一次沉降，及时绘制 P-S 曲线、S-t 曲线。直到连续 2 h 内，每小时平均沉降量小于等于 0.1 mm，便达到沉降相对稳定标准，可施加下一级荷载。

（3）终止试验（下列任一种情形的出现皆可）：

① 承压板周边的土明显侧向挤出，土明显隆起或出现环状张裂隙。

② 在某级荷载下，24 h 内沉降速率不能达到相对稳定标准。

③ 沉降量急剧增大，本级荷载沉降量大于前级荷载沉降量的 5 倍，P-S 曲线明显出现陡降。

④ 总沉降量与承压板直径（或宽度）比值（S/d）大于 0.06。

满足以上前三种情况之一时，其对应的前一级荷载定为极限荷载。

4. 资料整理

（1）绘制沉降量 S(mm)与荷载 P(kPa)之间的 P-S 曲线（见图 2.2），绘制各级荷载下沉降量 S(mm)与时间 t(h)之间的 S-t 曲线。

（2）承载力特征值 f_{ak} 的确定（参考图 2.3、参考表 2.11）确定。

依据《建筑地基基础设计规范》（GB 50007—2002）确定。

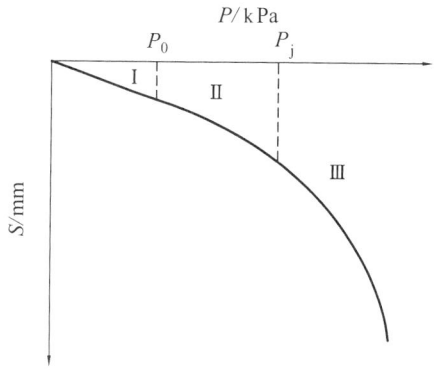

图 2.2 典型的 P-S 曲线

P_0—比例界限；P_j—极限界限

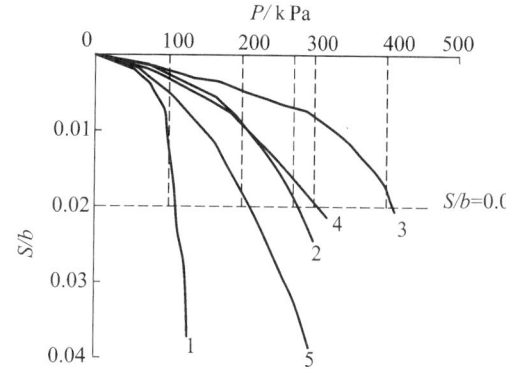

图 2.3 地基土平板荷载试验曲线

1—天然地基土；2—桩间挤密土；3—碎石桩体；4—1#压板；5—2#压板

表 2.11 地基土平板荷载试验成果表

加荷位置		承载力特征值 f_{ak}/kPa	变形模量/MPa
桩间土	振冲前(天然地基土)	100	2.5
	振冲后(桩间挤密土)	270	6.3
碎石桩体		400	18.0
复合地基	1#压板	300	11.5
	2#压板	200	7.9

注：按老规范承载力特征值 f_{ak} 按 $s/d = 0.02$ 求得。

当 P-S 曲线上有明显的比例界限时，取该比例界限所对应的荷载值（强度控制法）。

当极限界限荷载能确定，且小于 2 倍比例界限荷载，取极限荷载值的二分之一（极限荷载控制法）。

当不能按上述两点确定时，压板面积为 0.25～0.50 m²，可取 $S/d = 0.01$～0.015 所对应的荷载，但其值不应大于最大加载量的一半（相对沉降控制法）。

同一土层参加统计的试验点不应少于三点，当试验实测值的极差不超过其平均值的 30% 时，取此平均值作为该土层的地基承载力特征值 f_{ak}。

（3）计算变形模量 E_0(MPa)：

依据《岩土工程勘察规范》(GB 50021—2001)，得：

$$E_0 = I_0(1-\mu^2)\frac{P_0 d}{S} \quad (2.2)$$

式中　P_0——比例极限所对应的荷载（MPa），若比例极限点不能确定，则取 $S/d = 0.01$～0.015 所对应的荷载 P。

　　　S——与 P_0 相对应的沉降量（mm）。

　　　μ——土的泊松比，碎石土取 0.27，砂土取 0.30，粉土取 0.35，粉质黏土取 0.35，黏土取 0.42。

　　　I_0——刚性承压板形状系数，圆形承压板取 0.785，方形承压板取 0.886。

　　　d——承压板直径或边长（mm）。

5. 试验记录（见表 2.12）

表 2.12　地基土浅层平板荷载试验记录表

工程名称_____　地点_____　编号_____
加载系统自重_____kN　承压板面积_____m²　千斤顶活塞面积_____m²

观测时间	荷载级数	每级荷载增量/kPa	累计总荷载量/kPa	传感器读数/mm					沉降增量/mm	每小时沉降量/mm	累计总沉降量/mm	备注
				1	2	3	4	平均				

2.6.3　静力触探试验

静力触探试验（Static Cone Penetration Test，简称 CPT）是最常用的原位测试方法，是用静力将探头以一定的速率压入土中，利用探头内的力传感器（应变片等），通过地面电测仪（电子量测器）记录探头受到的贯入阻力等参数的原位测试法。

静力触探具有测试结果可靠、效率高、成本低等显著优点，常用于黏性土、粉土和砂土等，不适用于碎石土和岩石。

静力触探试验的工程目的如下：土层划分及土层鉴别；确定地基承载力、单桩承载力、固结系数、渗透系数；测定黏土的不排水抗剪强度 C_u，土的压缩模量 E_s，饱和黏土的不排水模量 E_u，砂土的初步切线弹性模量 E_i；测定砂土的相对密度 D，内摩擦角 φ；判别砂土液化。

1. 仪器设备

本实习手摇式轻型静力触探仪（2吨型）及液压式静力触探仪（见图2.4、图2.5-1），地面电测仪（见图2.5-2~2.5-4）。

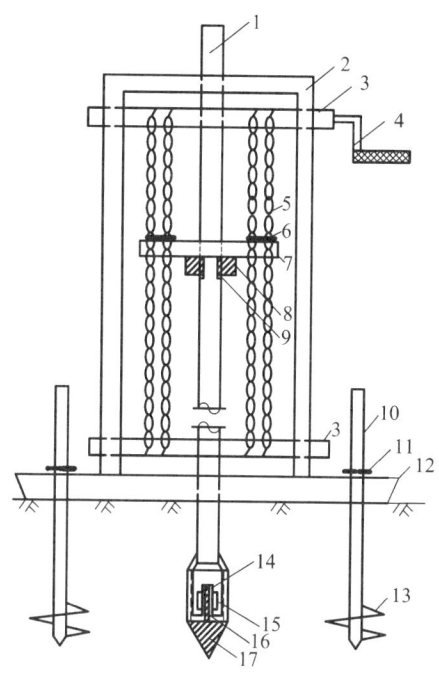

图2.4 手摇式轻型静力触探仪示意图

1—静力触探杆；2—静力触探仪框架；3—转轴；4—手摇把；5—传力链条；6—链条与传力板钉；7—传力板；
8—圆卡板；9—触探杆凹槽；10—地锚杆；11—地锚杆与地锚连接销钉；12—触探仪地锚横梁；
13—地锚盘；14—空心柱；15—应变片；16—顶柱；17—探头

图2.5-1 液压式静力触探仪

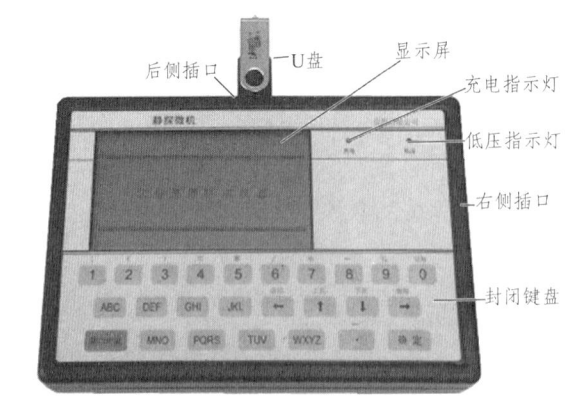

图 2.5-2　地面电测仪

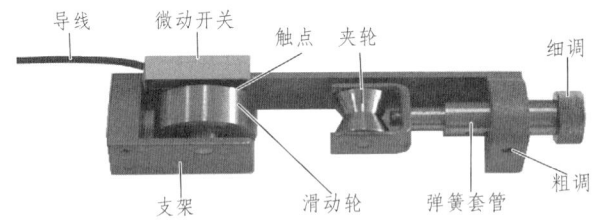

图 2.5-3　深度信号发生器

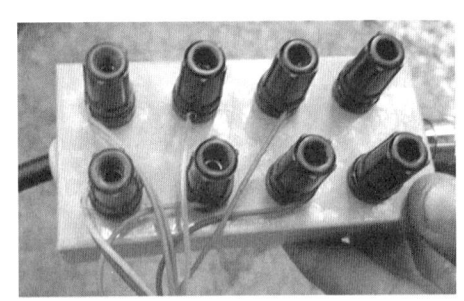

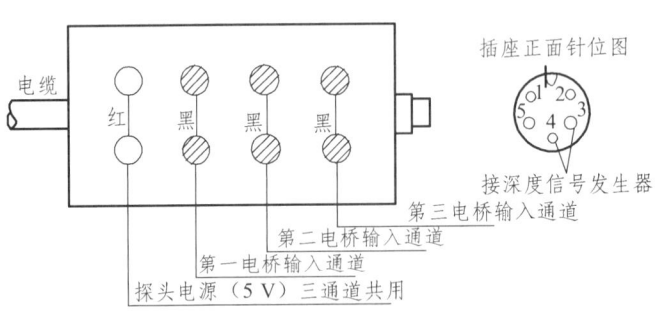

图 2.5-4　接线盒及功能示意图

本实习采用的手摇式轻型静力触探仪（2 吨型）由静探仪框架、传力设备（摇柄、转轴、链条、传力板、圆卡板）、地锚、探头四部分组成。

利用地锚提供反作用力，通过地锚杆，配合地锚压板、蝴蝶螺栓向下顶压，销钉将静探仪框架下横梁，也即将整个静探仪牢牢地固定在地表。

操纵手摇柄转动转轴，使转轴链条上的销钉向下运动，带动山形传力板与圆卡板向下运动，而圆卡板是嵌在静力触探杆凹槽位置处的（每根触探杆都有凹槽），也迫使静力触探杆向下运动。触探杆下端的探头在向下运动中，受到锥尖土的阻力，使探头内顶柱向上运动，顶柱外围空心柱一端固定，另一端受到顶柱向上的顶力而变形伸长，贴在空心柱上的电阻应变片的应变值（也称之为探头应变值）也就随之增大。应变值通过应变片上的电缆线输入地面电测仪。

2. 静探微机工作原理

探头出厂前须标定探头系数，它是通过标定仪或压力机对探头逐级施加压力，静探微机记录每级压力下的单桥（或双桥）探头应变值，然后绘制压力与应变曲线，纵轴为压力机压力，横轴为应变曲线。为 1 条（或 2 条）通过坐标零点的直线，此直线的斜率即为探头系数。探头在向下运动中，静探微机依据记录的探头应变值与输入的探头系数，便可得到单桥探头所承受的压力（压力 P 等于探头应变值与探头系数的乘积），将此压力除以探头锥底截面积（A），便得到单桥指标比贯入阻力（P_s）。同理，双桥探头锥尖所承受的压力，除以探头锥底截面积便得到双桥指标锥尖阻力；侧壁所承受的力除以探头侧壁面积便得到双桥指标侧壁阻力。

由于在探测深度上，探头锥尖的土阻力不断变化，因此比贯入阻力也不断变化，由此获得深度与比贯入阻力关系曲线（见图 2.6），便可对土进行分层与提供相应指标。

3. 试验步骤

（1）将地锚旋入土中，地锚盘尽量旋在较硬的土层中。通过地锚杆销钉将静探仪固定于地表。

（2）将触探杆穿过触探仪框架上、下孔，接触地面，依次安上传力圆卡板和山形传力板，摇动转轴，使传力链条上的长销钉刚好压在山形传力板上。

（3）本实习试验用单桥探头，将应变片的电线接入电测仪四个接头上，选择 1 键（单桥测试）。

（4）按调零键，将电测仪内应变片应变值调到 $(200\sim500)\times10^{-6}$ 区间，以防止测试过程中出现负应变（仪器在以后温度校正时会自动还原），而 2012 年后新出产的部分电测仪可以接受负应变值，调零设置可以取消。

（5）将探头匀速、垂直地压入土中，贯入标准速率宜为 1.2 m/min（2 cm/s）。每贯入 10 cm，记录一次应变量。（本实习试验采取每贯入 10 cm 拨动一下深度控制器，便可自行采一次样）

（6）由于应变片受地温影响较大，因此在深度为 0 m、0.5 m、2 m、4 m、6 m、…终孔等位置处，皆应进行温度校正。每次温度校正时，应将锥尖向上提 10 cm 左右，在锥尖不受力的状态下进行校正。（校正方法，仪器有具体说明）

（7）终孔标准：锥尖阻力（即 P_s 值）为 8 MPa（或依照设计要求）。此时锥尖几乎不能再向下贯入，而地锚出现反拔情况。

4. 资料整理

（1）仪器可自行显示每 10 cm 处的土的阻力，单桥探头显示指标为比贯入阻力 P_s（单位 MPa）：

$$P_s = \frac{探头所受到的贯入力}{锥底投影面积}$$

（2）绘制 P_s 随深度的变化曲线（P_s-h 关系曲线）（见图 2.6），以及绘制 q_c-h、f_s-h、R_f-h 关系曲线和双桥静探柱状图（见图 2.7）。

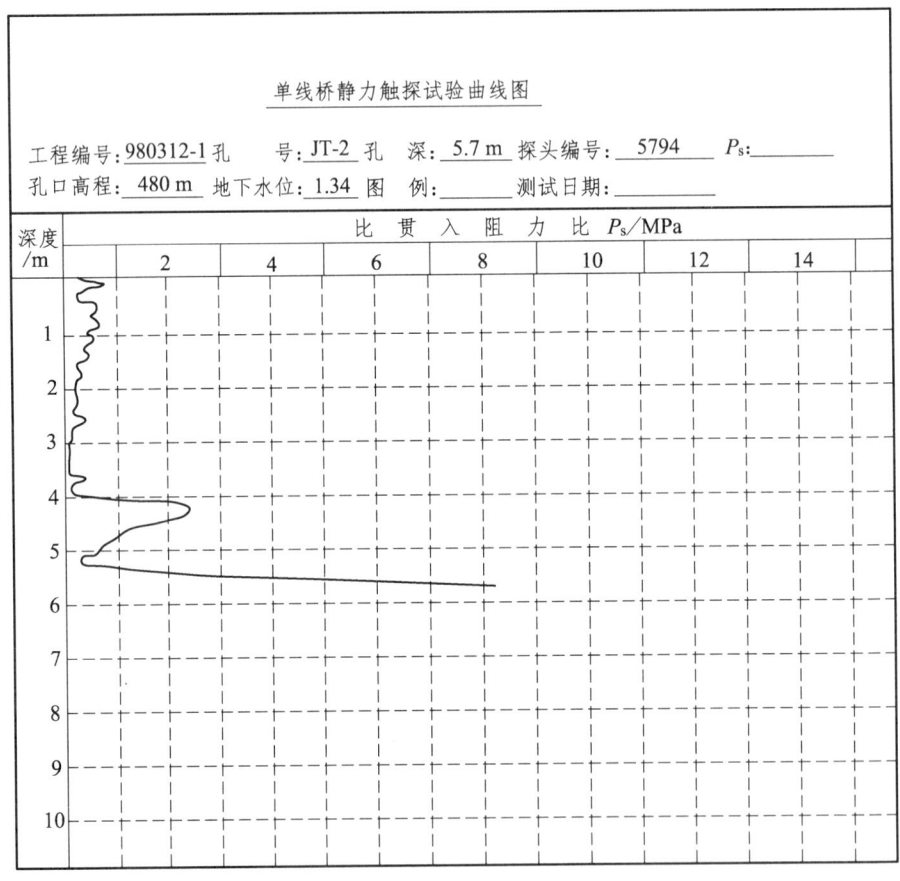

图 2.6 P_s-h 关系曲线图

5. 试验成果应用

（1）土层分类：

使用双线桥探头时，由于不同土的 q_c 和 f_s 不可能都相同，因而可以采用 q_c 和 f_s 两个指标来划分土层（见表 2.13）。对比结果证明，此法效果较好。

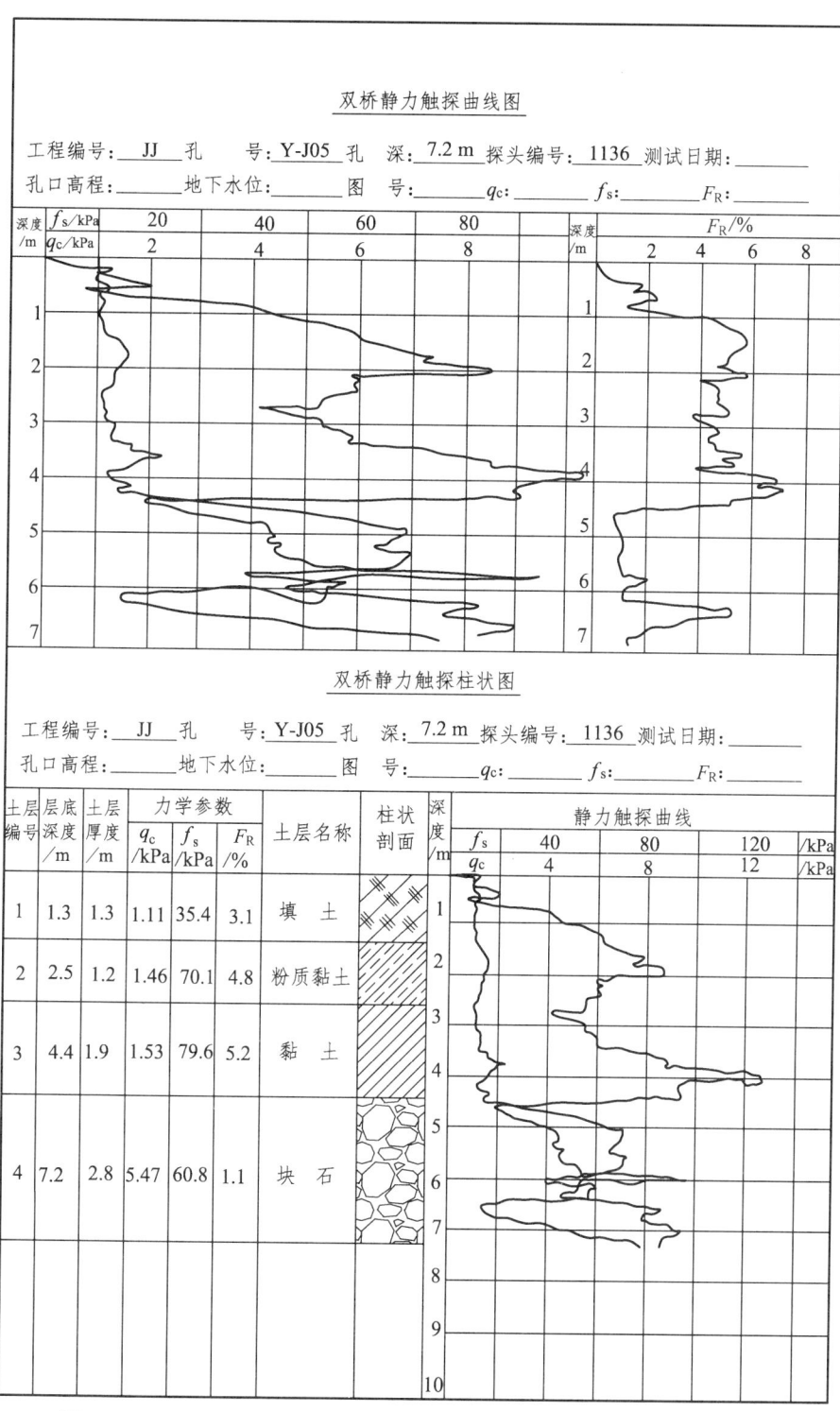

图 2.7 q_c-h、f_s-h、F_R-h 关系曲线（上图）和双桥静探柱状图（下图）

表 2.13 双桥探头划分土层表

土的名称	一机部勘测公司		交通部一航局	
	q_c/MPa	F_R/%	q_c/MPa	F_R/%
河泥质土及软黏土	<1	>1	<1	10~13
黏土	1~7	>3	1~1.7	3.8~5.7
粉质黏土			1.4~3	2.2~4.8
粉土	>1	0.5~3	3~6	1.1~1.8
砂土	>4	<1.2	>6	0.7~1.1

使用单探头时，按比贯入阻力 P_s 划分土类（见表 2.14）。

表 2.14 比贯入阻力 P_s 划分土类表

P_s	土性
<0.5	淤泥及淤泥质土
0.5~1.0	新沉积黏土
1.0~3.0	一般黏土
>3	老黏土

注：本表引自《软土地基测试指标的实际运用》。

（2）依据静力触探实测值进行土类分层合并的标准见表 2.15。

在分层时，当 P_s 值不超过表 2.15 所列的变动幅度时，可合并为一层。

表 2.15 静探实测值进行土类分层合并的标准

实测范围值	变动幅度
$P_s \leq 1$	±0.1~0.3
$1 < P_s \leq 3$	±0.3~0.5
$3 < P_s \leq 6$	±0.5~1

注：本表引自《工程地质手册》第四版，表 3-4-4。

（3）确定土的承载力基本值 f_0（f_0 单位 kPa，P_s 单位 MPa），如表 2.16 所示。

表 2.16 黏性土、粉土的承载力基本值 f_0

公式	适用范围	公式来源
$f_0 = 249 \times \lg P_s + 157.8$	$0.6 \leq P_s \leq 4$	四川省综合勘察院
$f_0 = 104 P_s + 26.9$	$0.3 \leq P_s \leq 6$	勘察规范（TJ 21—77）
$f_0 = 36 P_s + 44.6$		式 3-4-7

注：本表引自《工程地质手册》第四版中表 3-4-5，式 3-4-7 中 f_0（单位 kPa），P_s（单位 MPa）。

（4）确定土的压缩模量 E_s，如表 2.17 所示。

表 2.17 土的压缩模量 E_s 确定表

公式	适用范围	公式来源
$E_s = 1.9P_s + 3.23$	$0.4 \leq P_s \leq 3$	四川省综合勘察院
$E_s = 3.72P_s + 1.26$	$0.3 \leq P_s < 5$	《工业与民用建筑工程地质勘察规范》（TJ 21—77）
$E_0 = 6.60 P_s - 0.90$	$P_s < 1.6$（软土，一般性黏土）	建设综合勘察研究设计院
$E_0 = 3.55 P_s - 0.65$	$P_s > 4$（粉土）	
$E_0 = 5.95 P_s - 1.4$	$1 \leq P_s \leq 5.5$（新黄土）	中铁第一勘察设计院

注：E_s 为室内压缩模量，单位 MPa；E_0 为静力荷载变形模量，单位 MPa。

（5）确定饱和软土的不排水抗剪强度 C_u，如表 2.18 所示。

表 2.18 软土 C_u（kPa）与 P_s、q_c（MPa）相关公式

公式	使用范围	公式来源
$C_u = 30.8P_s + 4$	$0.1 \leq P_s \leq 1.5$（软黏土）	中交第一航务工程局
$C_u = 50P_s + 1.6$	$P_s < 0.7$	《铁道触探规则》
$C_u = 5.95P_s - 1.4$	软黏土	同济大学
$C_u = 71q_c$	镇海软黏土	同济大学

注：C_u 单位 kPa；P_s 单位 MPa；q_c 单位 MPa。

（6）确定砂土的承载力特征值，如表 2.19 所示。

表 2.19 确定砂土的承载力特征值相关公式

公式	适用范围	公式来源
$f_0 = 36P_s + 76.6$	$1 < P_s < 10$（中、粗砂）	武汉联合试验组
$f_0 = 20P_s + 59.5$	$1 < P_s < 15$（粉、细砂）	武汉联合试验组
$f_0 = 91.7\sqrt{P_s} - 23$	水下砂土	铁道部第三设计院

注：本表引自《工程地质手册》第四版，表 3-4-6；f_0 单位 kPa，P_s 单位 MPa。

（7）估算土的压缩模量 E_s 和内摩擦角 φ，如表 2.20 所示。

表 2.20 土的压缩模量 E_s 和内摩擦角 φ 估算表

P_s	1.0	2.0	3.0	4.0	5.0	8.0	11.0	15.0	30.0
E_s	4.1~6.0	6.0~9.0	9.0~11.5	11.5~13.0	13.0~15.0	18.5~20.0	24.0~27.0	35.0	
φ	29	31	32	33	34	35	36	37	39

注：本表引自《工程地质手册》第四版，表 3-4-10、表 3-4-13；E_s 单位 MPa，P_s 单位 MPa。

（8）预估单桩竖向承载力。

《建筑桩基技术规范》（JGJ 94—2008）给出了双线桥静力触探确定混凝土预制桩的单桩竖向承载力的确定方法。探头规格为：双桥探头圆锥底底面积为 15 cm²，锥角 60°，摩擦套筒高 21.85 cm，侧面积 300 cm²。对于黏性土、粉土和砂土，当用双桥探头静探资料确定混凝土预制桩的竖向单桩承载力标准值时，如无当地经验，可按式（2.3）计算：

$$P_{uk} = u\sum l_i\beta_i f_{si} + \alpha q_c A_p \tag{2.3}$$

式中 f_{si}——第 i 层探头的平均侧阻力（kPa）。

q_c——桩端平面上、下探头阻力、取桩端平面以上 $4d$（d 为桩的直径或边长）范围内土层厚度的阻力的加权平均值，然后再和桩端以下 d 范围内的探头阻力进行平均（kPa）。

α——桩端阻力修正系数，对黏性土、粉土取 2/3，饱和砂土取 1/2。

β_i——第 i 层土桩侧阻力综合修正系数，按式（2.4）、式（2.5）计算：

黏性土、粉土： $\beta_i = 10.04(f_{si})^{-0.55}$ (2.4)

砂土： $\beta_i = 5.05(f_{si})^{-0.45}$ (2.5)

（9）检验压实填土的质量。

可以用来检验压实填土的密度和均匀程度。山西煤矿设计院提出 K 作为均匀程度的控制指标。

$$K = \frac{P_s \max}{P_s \min} \tag{2.6}$$

当 $K \leq 1.55$（$P_s \leq 6$ MPa），$K \leq 1.80$（$P_s > 6$ MPa）时，均为均匀填土地基。

（10）判别饱和砂土、粉土的液化势。

铁路《静力触探技术暂行规定》（TBJ 2—1985）和《铁路工程抗震设计规范》（GBJ 111—2006）中规定，当比贯入阻力 P_s 的计算值 P_{sca} 小于液化临界比贯入阻力 P_{s0} 值时，应判定为液化土。

$$P_s' = P_{s0}\alpha_1\partial_3 \tag{2.7}$$

式中 P_{s0}——地下水埋深 d_w 为 2 m 时砂土的临界比贯入阻力，按表 2.21 选取。

α_1——d_w 的修正系数，$\alpha_1 = 1 - 0.065(d_w - 2)$，当地面常年有水且与地下有水力联系时 $d_w = 0$。

∂_3——上部非液化土层厚度 d_s 修正系数，按 $\partial_3 = 1 - 0.05(d_a - 2)$ 计算。对称基础 $\partial_3 = 1$。

表 2.21 液化临界比贯入阻力 P_{s0}（MPa）

	烈度	Ⅶ度	Ⅷ度	Ⅸ度
铁路《静力技术触探暂行规定》	P_{s0}（MPa）	6～7	12～13.5	18.0～20.0
《铁路工程抗震设计规范》	P_{s0}（MPa）	5.0～6.0	11.5～13.0	18.0～20.0

P_{sca} 应符合下列规定：

砂层厚度大于 1 m 时，应取该层比贯入阻力 P_s 的平均值作为该层的 P_{sca} 值；当砂层厚度小于 1 m，且上下层均为比贯入阻力较小的土层时，应取较大值作为该土层的 P_{sca} 值；砂层厚度较大，力学性质和 P_s 可以明显分层时，应分别计算分层的平均值 P_{sca}。

用静力触探判别砂土液化的经验公式大都是以饱和砂土地区的资料为基础建立起来的。

近年来,粉土地区的砂土液化越来越引起重视,粉土地区液化的经验公式,临界锥尖阻力$(q_{Nc})_{cr}$按式(2.8)计算。当实测的锥尖阻力$(q_{Nc})_{cr}$小于$(q_{Nc})_{cr}$时,判为液化;当q_{Nc}大于$(q_{Nc})_{cr}$时,判为不液化。

$$(q_{Nc})_{cr} = D_{50}^{0.66} f\left(\frac{\tau}{\sigma}\right) \tag{2.8}$$

式中 D_{50}——粉土的平均粒径(mm);
τ——有效应力(kPa);
σ——有效上覆压力(kPa)。

σ-$f\left(\dfrac{\tau}{\sigma}\right)$关系曲线如图2.8所示。

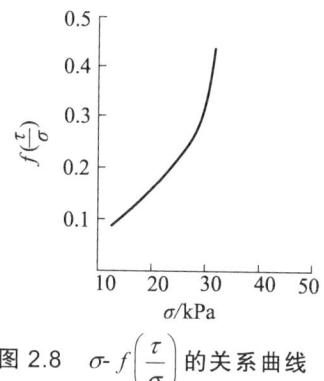

图2.8 σ-$f\left(\dfrac{\tau}{\sigma}\right)$的关系曲线

6. 数据记录(见表2.22)

表2.22 静力触探记录表

工程名称_____ 地　点_____ 探头编号_____
静探孔编号_____ 静探孔标高_____ 率定系数_____

深度/m	应变量$\varepsilon/\times 10^{-6}$	P_s/MPa	深度/m	应变量$\varepsilon/\times 10^{-6}$	P_s/MPa	深度/m	应变量$\varepsilon/\times 10^{-6}$	P_s/MPa	分层深度/m	层厚/m	$\overline{P_s}$/MPa	承载力f_0/kPa	压模E_s/MPa
.0(初值)			.0			.0							
.1			.1			.1							
.2			.2			.2							
.3			.3			.3							
.4			.4			.4							
.5			.5			.5							
.6			.6			.6							
.7			.7			.7							
.8			.8			.8							
.9			.9			.9							
.0			.0			.0							

2.6.4 动力触探试验

动力触探试验（Dynamic Penetration Test）是岩土工程勘察中常规的原位测试方法之一，它利用一定重量的落锤，以一定高度的自由落距，将一定形状尺寸的圆锥形探头贯入土层中，然后记录贯入土层一定厚度的锤击数的方法。

1. 动力触探试验的原理

动力触探的锤击能量，除了消耗于锤与探杆的碰撞、探杆的弹性变形及探杆与孔壁的摩擦外，主要用于克服土层对探头的阻力。前者为无效能量，后者（土体对探头的阻力）为有效能量。若略去无效能量，依据碰撞定理得：

$$eQgH = R_d AS \quad (2.9)$$

得

$$R_d = eQgH/[(h/n)A]$$
$$= n(eQgH)/(hA) \quad (2.10)$$

式中 e——锤击效率（与落锤方式、导杆摩擦及锤击偏心等有关）；

Q——锤质量（kg）；

g——重力加速度，$g = 9.8 \text{ m/s}^2$；

H——每击的落距（m）；

R_d——探头的单位动阻力（N/m²）；

S——每击的贯入深度（m），$S = h/n$；

n——贯入深度为 h 时的锤击数；

h——贯入深度（m）；

A——探头的横截面积（m²）。

当 e、Q、H、A、h 一定时，探头的动贯入阻力即单位动阻力（R_d）便由锤击数（n）来反映，它与土层的强度与密度有关。

动力触探试验的影响因素较为复杂。其中，某些因素可以采用标准化措施来控制，如试验方法、机械设备、落锤方式；而有些因素则只能通过经验修正，如杆长修正、地下水修正等。

根据锤击能量与探头形状，将动力触探试验分为轻型、重型、超重型及标准贯入四种，如表2.23所示。

表2.23 动力触探分类

类型	落锤重/kg	落距/cm	形状	锥底面积/cm²	贯入记录	符号
轻型	10	50	实心圆锥	12.6	贯入30 cm锤击数	N_{10}
重型	63.5	76±2	实心圆锥	43	贯入10 cm锤击数	$N_{63.5}$
超重型	120	100	实心圆锥	43	贯入10 cm锤击数	N_{120}
标准贯入	63.5	76±2	空心圆筒	9.6	贯入30 cm锤击数	N

2. 动力触探试验的工程目的

动力触探试验指标主要用于以下工程目的：

（1）测定地基土的强度及变形指标。

（2）确定地基持力层及承载力。

（3）检测地基加固与改良质量。

3. 轻型动力触探（10 kg）试验

本试验适于深度小于 4 m 的一般黏性土、粉质黏土、黏性素填土、含少量砾石的土。获得试验指标 N_{10}。

（1）试验设备。

轻型动力触探设备主要由圆锥探头、触探杆、穿心落锤三部分组成，如图 2.9 所示。落锤升降由人工操纵。

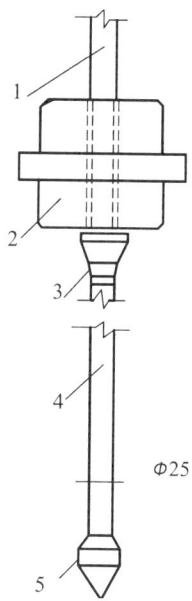

图 2.9 轻型动力触探试验设备示意图

1—穿心杆；2—穿心锤；3—锤垫；4—触探杆；5—探头(锥头)

（2）试验步骤。

① 探头贯入土之前，先在触探杆上标出从锥尖起，向上每 30 cm 的位置。

② 一人将触探杆垂直扶正，另一人将 10 kg 穿心锤从距锤垫顶面 50 cm 处自由落体放下。

③ 记录每贯入土层 30 cm 的穿心锤自由落体的锤击数 N'_{10}。

④ 为消除土对触探杆的侧壁摩擦而消耗部分锤击能量，应采用分段触探的办法，即贯入一段距离后，将锥尖向上拔，使探孔壁扩径，再将锥尖打入原位置，继续试验。

（3）资料整理。

① 试验指标 N_{10}（单位：击/30 cm），是 N'_{10} 的修正指标。

轻型动探由于贯入深度浅，不作杆长修正，即修正系数 =1，试验指标 N_{10} = 实测指标 N'_{10}。

② 绘制轻型动力触探指标 N_{10} 与深度 h 的关系曲线（见图 2.10）。

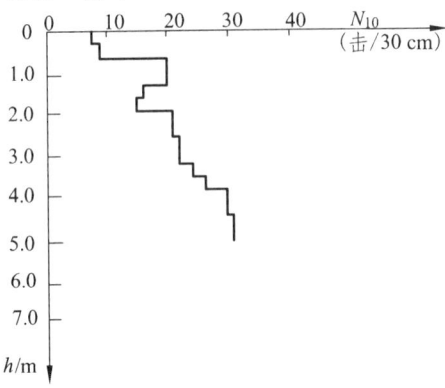

图 2.10　轻型动力触探试验指标 N_{10} 与深度 h 的关系曲线

（4）试验成果的应用。

确定地基土承载力特征值 f_{ak} 与地基承载力基本值 f_0，如表 2.24 ~ 2.26 所示。

表 2.24　一般黏性土承载力特征值 f_{ak} 与 N_{10} 的关系

N_{10}/（击/30 cm）	15	20	25	30
f_{ak}/kPa	105	145	190	230

注：本表引自《建筑地基基础设计规范》(GB 50001—2011)。

表 2.25　黏性土承载力基本值 f_0 与 N_{10} 的关系

N_{10}/（击/30 cm）	15	20	25	30
f_0/kPa	100	140	180	220

注：本表引自《工程地质手册》第四版，表 3-2-11，《铁路工程地质原位测试规范》(TB 10041—2003)。

表 2.26　含少量杂质的填土承载力特征值 f_{ak} 与 N_{10} 的关系

N_{10}/（击/30 cm）	15 ~ 20	18 ~ 25	23 ~ 30	27 ~ 35	32 ~ 40	35 ~ 50
f_{ak}/kPa	40 ~ 70	60 ~ 90	80 ~ 120	100 ~ 150	130 ~ 180	150 ~ 200

注：本表引自《工程地质手册》第四版，表 3-2-13，西安市资料。

（5）记录格式，如表 2.27 所示。

表 2.27　轻型动探记录表

工程名称_____　　地点_____　　探孔编号_____　　探孔标高_____

深度/m	N_{10}	深度/m	N_{10}	深度/m	N_{10}
0.0 ~ 0.3		1.5 ~ 1.8		3.0 ~ 3.3	
0.3 ~ 0.6		1.8 ~ 2.1		3.3 ~ 3.6	
0.6 ~ 0.9		2.1 ~ 2.4		3.6 ~ 3.9	
0.9 ~ 1.2		2.4 ~ 2.7			
1.2 ~ 1.5		2.7 ~ 3.0			

4. 重型动力触探（$N_{63.5}$）试验

本试验适用于砂土、一般黏性土和碎石土（不宜用于中密、密实卵石层，以及最大粒径不超过 100 mm 的卵石、碎石）。

（1）试验设备。

重型动力触探试验的设备主要由锤击系统与探具系统组成（穿心锤重 63.5 kg），如图 2.11 所示。落锤的自由落距由钻机自动脱钩装置控制或人为控制[(76 ± 2) cm]。

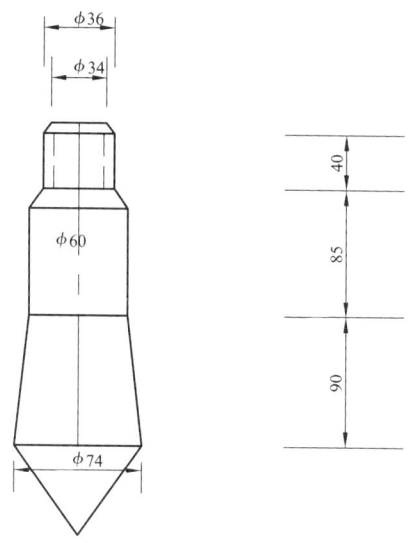

图 2.11　重型动力触探探头示意图

（2）试验步骤。

① 探头贯入土层之前，先测出锥尖到锤垫底面之间长度，即触探杆长度（用于杆长修正）。
② 待锤尖打入到预测位置时，在触探杆上标出，此时标出地面向上每 10 cm 的位置。
③ 穿心锤自由落距(76 ± 2) cm，记录每贯入土层 10 cm 的锤击数 $N_{63.5}$（重型动探实测指标）。锤击速率宜为 15～30 击/分。
④ 每加上一根触杆时，需记录所加杆的长度，重新统计触探杆长度。
⑤ 若土质较松软、探头贯入速度较快时，亦可记录锤击 5 次的贯入深度。
⑥ 对触探杆侧壁摩擦影响较大的土层，可考虑采用分段触探的办法（参见轻型动探相关内容）。
⑦ 若 $N_{63.5} > 50$ 连续 3 次出现，可停止试验。

（3）资料整理。

① 触探杆长度的修正。

当触探杆长度大于 2 m 时，需按式（2.11）修正：

$$N_{63.5} = aN'_{63.5} \tag{2.11}$$

式中　$N_{63.5}$——修正后的重型动探试验指标；
　　　a——触探杆长度修正系数，查表 2.28。

② 试验指标 $N_{63.5}$ 对触探杆侧壁摩擦影响的修正：

对于砂土和松散-中密的圆砾、卵石层触探深度在 15 m 内，一般可不考虑侧壁摩擦的影响。

表 2.28 动探杆长度修正系数 a

l/m	$N_{63.5}$								
	5	10	15	20	25	30	35	40	≥50
≤2	1.0	1.0	1.0	1.0	1.0	1.0	1.0	1.0	
4	0.96	0.95	0.93	0.92	0.90	0.89	0.87	0.86	0.84
6	0.93	0.90	0.88	0.85	0.83	0.81	0.79	0.78	0.75
8	0.90	0.86	0.83	0.80	0.77	0.75	0.73	0.71	0.67
10	0.88	0.83	0.79	0.75	0.72	0.69	0.67	0.64	0.61
12	0.85	0.79	0.75	0.70	0.67	0.64	0.61	0.59	0.55
14	0.82	0.76	0.71	0.66	0.62	0.58	0.56	0.53	0.50
16	0.79	0.73	0.67	0.62	0.57	0.54	0.51	0.48	0.45
18	0.77	0.70	0.63	0.57	0.53	0.49	0.46	0.43	0.40
20	0.75	0.67	0.59	0.53	0.48	0.44	0.41	0.39	0.36

注：l 为杆长。

③ 试验指标 $N_{63.5}$ 对地下水影响的修正：

对于地下水位以下的中、粗、砾砂和圆砾、卵石，锤击数（$N_{63.5}$）可按式（2.12）修正：

$$N_{63.5} = 1.1 N'_{63.5} + 1.0 \qquad (2.12)$$

④ 绘制重型动探试验指标 $N_{63.5}$ 与深度 h 的关系曲线（见图 2.12）。

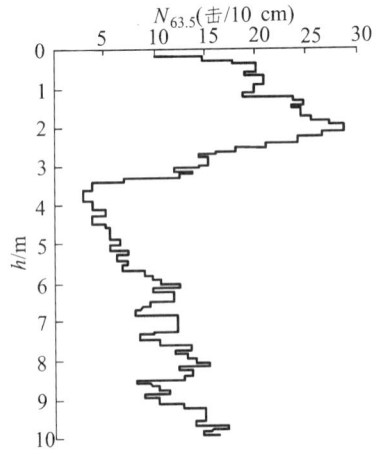

图 2.12 重型动探试验指标 $N_{63.5}$ 与深度 h 的关系曲线

（4）试验成果的应用。

① 确定地基土承载力特征值 f_a（原规范为标准值 f_k）（见表2.29、表2.30）。

表2.29　碎石土、砂土地基承载力特征值 f_a 与 $N_{63.5}$ 关系

$N_{63.5}$	3	4	5	6	7	8	9	10	12	14	16	18	20	25	30	35	40
碎石土 f_a/kPa	140	170	200	240	280	320	360	400	470	540	600	660	720	850	930	970	1000
中、粗、砾砂 f_a/kPa	120	150	180	220	260	300	340	380									

注：本表引自《建筑地基基础设计规范》(GB 50007—2002)。

表2.30　黏性土、粉土 $N_{63.5}$ 与承载力特征值 f_a 的关系

$N_{63.5}$	1	1.5	2	3	4	5	6	7	8	9	10	11	12
f_a/kPa	60	90	120	150	180	210	240	265	290	320	350	375	400
状态	流塑	软塑	可塑						硬塑—坚硬				

注：本表引自广东省建筑设计研究院。

② 确定地基土的变形模量 E_0（见表2.31）。

表2.31　圆砾、卵石土的变形模量 E_0 与 $N_{63.5}$ 击数平均值的关系

击数平均值 $N_{63.5}$	3	4	5	6	7	8	9	10	12	14
E_0/MPa	10	12	14	16	18.5	21	23.5	26	30	34
击数平均值 $N_{63.5}$	16	18	20	22	24	26	28	30	35	40
E_0/MPa	37.5	41	44.5	48	51	54	56.5	59	62	64

注：本表引自《工程地质手册》第四版，表3-2-23，铁道第二勘测设计院（1988年）。

（5）确定地基土（碎石土）的密实度（见表2.32、表2.33）及地基土（砂土）的密实度（见表2.34）。

表2.32　碎石土密实度与 $N_{63.5}$ 综合修正平均值的关系

$N_{63.5}$	≤5	5<$N_{63.5}$≤10	10<$N_{63.5}$≤20	>20
密实度	松散	稍密	中密	密实

注：本表引自《工程地质手册》第四版，表3Ⅱ-8，《建筑地基基础设计规范》(GB 50007—2002)，本表适用于平均粒径小于或等于50 mm，且最大粒径不超过100 mm的碎石土。

表2.33　碎石土密实度与 $N_{63.5}$ 的关系

$N_{63.5}$	≤7	7<N_{120}≤15	15<$N_{63.5}$≤30	>30
密实度	松散	稍密	中密	密实

注：本表引自《工程地质手册》第四版，表3-2-10，《成都地区建筑地基基础设计规范》(DB51/T 5026—2001)。

表 2.34 砂土密实度与 $N_{63.5}$ 平均值的关系

砂土	$N_{63.5}$	砂土密实度	孔隙比
粗砂	<5	松 散	>0.65
	5~8	稍 密	0.65~0.50
	8~10	中 密	0.50~0.45
	>10	密 实	<0.45
粗砂	<5	松 散	>0.80
	5~6.5	稍 密	0.80~0.70
	6.5~9.5	中 密	0.70~0.60
	>9.5	密 实	<0.60
中砂	<5	松 散	>0.90
	5~6	稍 密	0.90~0.80
	6~9	中 密	0.80~0.70
	>9	密 实	<0.70

注：$N_{63.5}$ 系指因杆长影响校正而未经地下水影响校正的锤击数。本表引自《工程地质手册》第四版，表 3-2-7。

（6）记录格式（表 2.35）。

表 2.35 动力触探记录表

工程名称_____ 地点_____ 动探类型_____
钻孔编号_____ 钻孔标高_____ 地下水位_____

深度/m	杆长/m	实测指标（击/10 cm）	修正系数	修正击数 N	深度/m	杆长/m	实测指标（击/10 cm）	修正系数	修正击数 N
.0					.0				
.1					.1				
.2					.2				
.3					.3				
.4					.4				
.5					.5				
.6					.6				
.7					.7				
.8					.8				
.9					.9				
.10					.10				

5. **标准贯入试验**

标准贯入试验（Standard Penetration Test）是用质量为 63.5 kg 的重锤按照规定的落距（76 cm）自由下落，将标准规格的贯入器打入地层，根据贯入器在贯入一定深度得到的锤击数来判定土层的性质。适用于砂土、粉土和一般黏性土等。

1）试验目的

获得标准贯入试验指标 N。

2）试验设备

标准贯入试验的设备与其他动力触探试验设备基本相同，主要由锤击系统与探具系统组成（穿心锤 63.5 kg）；不同之处是，标准贯入试验的触探头（贯入器）为对开式管筒，（见图 2.13）。落锤的落距由钻机自动脱钩装置控制。

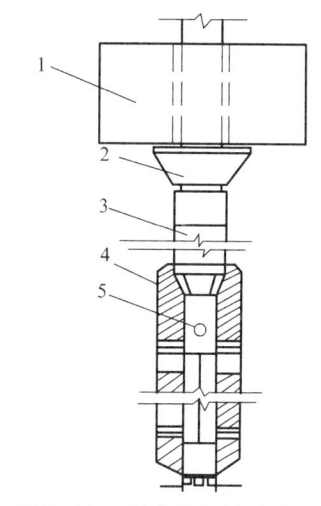

图 2.13　标准贯入试验设备

1—探杆；2—接头；3—贯入器（由两个半圆组成）；
4—出水孔；5—贯入器靴

3）试验步骤

① 通过钻机提走地面到孔底之间的土体，孔底距其下的标准贯入试验段应保留原状土 15 cm。若孔底以上土体易垮塌或易挤出，应采用套管护壁。

② 贯入器放入孔之前，先量出从贯入器靴起始的触探杆长度（用于杆长修正）。

③ 待贯入器靴打入孔底 15 cm 后，在触探杆上标出此时地面向上每 10 cm 的位置（共标 30 cm）。

④ 穿心锤自由落距 76 cm，将贯入器贯入土中，记录每贯入土层 10 cm 的实测锤击数，累计 30 cm 的实测锤击数为 N'；锤击速率应小于 30 击/分。

⑤ 本段试验结束，抽出贯入器，掰开贯入器，观察土性。

⑥ 若需进行下一个深度的试验（应每隔 1 m 进行一次），则重复上述操作步骤。

4）试验数据处理

① 试验指标 N（单位击/30 cm），是探头贯入 30 cm 的实测指标 N' 的修正指数。

② 试验指标 N 对触探杆长度的校正：

当探杆长度大于 3 m 时，需按式（2.13）修正：

$$N = \alpha_n \cdot N' \quad (2.13)$$

式中　N——试验指标，击/30 cm；

　　　α_n——杆长修正系数，按表 2.36 选用。

表 2.36　标贯试验杆长修正系数 α_n

探杆长度/m	≤3	6	9	12	15	18	21	25	30	40	50	75
α_n	1.00	0.92	0.86	0.81	0.77	0.73	0.70	0.70	0.68	0.64	0.60	0.50

注：《建筑地基基础设计规范》（GB 50007—2002）、《岩土工程勘察规范》（GB 50021—2001）对杆长修正作以下说明：我国一直用经过修正后的 N 值确定地基承载力与土性参数，用不修正的 N 值判别液化和判别砂土密实度。因此，应按具体岩土工程问题确定是否修正，且需在报告中说明。

5）试验成果应用

① 确定地基土承载力特征值 f_{ak}。

a. 黏性土（见表 2.37）。

表 2.37　黏性土承载力特征值 f_{ak} 与 N 的关系

N（击/30 cm）	3	5	7	9	11	13	15	17	19	21	23
f_{ak}/kPa	105	145	190	220	295	325	370	430	515	600	680

注：本表引自《建筑地基基础设计规范》（GBJ 7—89）。

b. 砂土（见表 2.38）。

表 2.38　砂土承载力特征值 f_{ak}(kPa) 与 N 的关系

N（击/30 cm）	10	15	30	50
中、粗砂	180	250	340	500
粉、细砂	140	180	250	340

注：本表引自《建筑地基基础设计规范》（GBJ 7—89）。

② 确定地基土压缩模量 E_s 及变形模量 E_0（见表 2.39）。

表 2.39　E_0(MPa) 或 E_s(MPa) 与 N 的关系

研究者	关系式	适用范围
湖北省水利电力勘测设计院	$E_0 = 1.0658N + 7.4306$	黏性土、粉土
武汉城市规划设计院	$E_0 = 1.4135N + 2.6156$	武汉地区黏性土、粉土
西南综合勘察院	$E_s = 0.276N + 10.22$	唐山粉、细砂（地下水位以下）
Schultze（德国）	$E_s = 0.49N + 7.1$	细砂（地下水位以下）

注：本表引自《工程地质手册》第四版，表 3-3-17。

③ 确定砂土的抗剪指标（见表 2.40）。

表 2.40　砂土黏聚力 c、内摩擦角 φ 与 $N_{手}$ 的关系

$N_{手}$	3	5	7	9	11	13	15	17	19	21	25	29	31
c/kPa	17	36	49	59	66	72	78	83	87	91	98	103	107
φ/(°)	17.7	19.8	21.2	22.2	23.0	23.8	24.3	24.8	25.3	25.7	26.4	27.0	27.3
E_s/MPa	7	9	11	13	14.5	16	18	20	22	24	27.5	31	33

注：① 本表引自《工程地质手册》第四版，表 3-3-14，冶金部武汉勘察公司。
② $N_{手}$ 是手拉绳方式测得，与机械化自动落锤所得 $N_{机}$ 的关系式：$N_{手} = 0.74 + 1.12N_{机}$。

④ 判定砂土的密实度（见表2.41）。

表2.41 标贯击数 N 与砂土的密实度的关系

标贯锤击数 N/（击/30 cm）	密实度
$N \leqslant 10$	松散
$10 < N \leqslant 15$	稍密
$15 < N \leqslant 30$	中密
$N > 30$	密实

注：本表引自《工程地质手册》第四版，表3-3-5，《建筑地基基础设计规范》（GB 50007—2002），表中 N 值未加修正。

⑤ 判定黏性土的状态（见表2.42）。

表2.42 黏性土的状态、黏性土的液性指数 I_L 与 $N_手$ 的关系

$N_手$	<2	2～4	4～7	7～18	18～35	>35
I_L	>1	1～0.75	0.75～0.50	0.50～0.25	0.25～0	<0
土的状态	流塑	软塑	软可塑	硬可塑	硬塑	坚硬

注：本表引自《工程地质手册》第四版，表3-3-6，冶金部勘察公司。

⑥ 判别饱和砂土、粉土的液化。

《建筑抗震设计规范》（GB 50011—2010）明确规定对饱和砂土、饱和粉土液化判定应采用标贯试验。《工程地质手册》第四版规定，在地面以下15 m深度范围内，当饱和土实测标贯指标 N'（未经杆长修正）小于液化判别标贯锤击数临界值 N_{cr} 时，应判为可液化土，如式（2.14）所示。

$$N_{cr} = N_0[0.9 + 0.1 \times (d_s - d_w)]\sqrt{\frac{3}{\rho_c}} \quad (d_s \leqslant 15) \tag{2.14}$$

式中 N_{cr}——液化判别标贯试验指标临界值；
N_0——饱和土液化判别标贯锤击数基准值，按表2.43选用；
d_s——标贯试验深度（m）；
d_w——地下水位深度（m）；
ρ_c——饱和土的黏粒含量百分率（%），当 $\rho_c < 3$ 时，取 $\rho_c = 3$。

表2.43 液化判别标贯锤击数 N_0 的基准值

地震烈度	Ⅶ度	Ⅷ度	Ⅸ度
近震	6	10	16
远震	8	12	

2.6.5 十字板剪切试验

十字板剪切试验（Vane Test）是原位测定软塑到流动状态的黏土抗剪强度的一种方法（这类软土抗剪强度一般几十千帕）。试验深度一般不超过 30 m。由于它避免了取土扰动的影响，同时是在土的天然应力状态下进行剪切，所以它是一种较为有效的原位测试方法。多年来在我国沿海软土分布地区的地基勘察中、内地沟谷地带广泛发育较厚淤泥质土的道路勘察中应用较广。

十字板剪切仪主要分为两类：电测式十字板剪切仪与开口钢环式十字板剪切仪，前者与静力触探仪隶属于同一设备（十字板-静探两用仪）和同一微机；后者在钻机配合下或洛阳铲（适于浅埋深软土）配合下进行试验。

十字剪切板头也分为两类：高 100 mm、宽 50 mm（适于软土）；高 150 mm、宽 75 mm（适于极软土）两种。

本试验的试验指标为不排水抗剪强度 C_u（kPa），它是内摩擦角 $\varphi \approx 0$ 时的黏聚力 c 值。

本试验的试验原理：将十字板头送入钻孔，压入孔底拟测土中，施加扭矩力使板头在同一水平面上等速转动，在土中切出一个圆柱形破坏面，测定出剪切破坏时的最大扭矩，即可换算出土的不排水抗剪强度 C_u。

主要试验过程：第一步测定土的峰值抗剪强度，第二步测定土的残余抗剪强度，（开口钢环式还需第三步测定钻杆与杆周围土摩擦及仪器机械摩擦），求出土的灵敏度。

2.6.5.1 电测式十字板剪切仪试验

本试验是利用静力触探仪的压入装置将十字剪切板压入到测试深度后，再操作安装在静探仪顶部的蜗轮扭力装置转动十字板杆，带动十字剪切板在土中（以一定速率）旋转剪切，微机量测土的抵抗力矩，从而计算出土的抗剪程度。

1. 试验设备

试验使用 CLD–1 型十字板-静力触探两用仪，该仪器由 4 个部分组成：

（1）十字剪切板压入系统：由地锚、框架、摇把、链条、"3" 形传力板、圆卡板等组成。

（2）十字剪切板旋转系统：由蜗轮与转动齿盘组成，蜗轮固定在静力触探仪顶端（见图 2.14-1）。蜗轮由变向齿轮（它由转动齿盘竖向面上的转动，带动另一水平面上的转动盘，做水平旋转，再带动十字板杆也作水平面旋转）与卡盘（能牢固地夹持十字板杆与水平面转动盘一起旋转）组成。

（3）十字剪切板头：由十字板、十字板头传感器、导线等组成（见图 2.14-2）。

（4）量测系统：静探微机（CLD-4）。

图 2.14-1　十字板-静力触探两用仪

注：上部分为十字剪切仪的蜗轮与转动齿盘，下部分为静力触探仪顶部；蜗轮下端四根螺杆插入触探仪顶端四个孔中

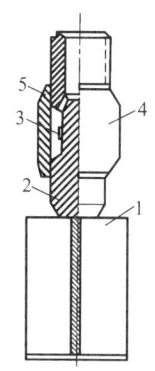

图 2.14-2　电测十字板头结构示意图

1—十字板；2—十字板与传感器连接螺杆；3—应变片；4—十字板头传感器外壳；5—导线

2. 试验步骤

（1）将十字板杆（须先将十字板拧出，仅保留十字板头传感器）穿过蜗轮和框架上、下孔，再将十字板拧入十字板头传感器上。十字板接触地面后，依次安上圆卡板和"山"形传力板，摇把转动，使传力链条上的销钉刚好压在"山"形传力板上。

（2）将导线接到静探微机（CLD-4）四个接线柱上。

（3）打开静探微机，进入主菜单，按"调零"，选择"1"。将微机应变值调到$(200\sim500)\times10^{-6}$区间，以防止测试过程中出现负应变（仪器在温度校正时会自动归零）。再回到主菜单，按"测量"，选择十字板试验，输入微机提示的各种参数（包括十字板头传感器系数、十字板面积），输入完毕，微机自动进入不排水抗剪强度c_u与时间t坐标系界面。

（4）将十字剪切板压入到测试位置。

（5）将蜗轮卡盘的紧固螺栓拧紧，此时十字板只能在同一深度作水平旋转，取掉"3"形传力板（减少它与圆卡板之间的旋转摩擦）。微机按"1""2"，进行测试位置处起始温度校正，此时微机应变值便自动归零；当输入十字板测试深度后，微机视屏上读秒启动。

（6）原状土实测开始。转动蜗轮的转动齿盘，转动齿盘每 10 s（也可用微机视屏上不排水抗剪强度c_u与时间t坐标系界面曲线控制）顺时针转一圈（即水平面上转 1°），每转一圈观察微机c_u值一次，直到剪损破坏（当c_u出现峰值或稳定值，大约转动齿盘转 20~30 圈，即蜗轮水平面上转动 20°~30°），抢读整个过程中的最大c_u值。试验应在 3~5 min 内达最大c_u值，此数为原状样峰值抗剪强度。因为深度未变化，无需结束试验的温度校正，按"4"，结束原状土峰值抗剪强度试验。

（7）完成原状土试验后，将十字板杆顺时针水平面上转 6 圈，使十字板周围土充分扰动。微机按"3"（重塑土试验），重复步骤(6)的操作，即取得重塑土剪损时的残余抗剪强度值。按"4"，结束重塑土残余抗剪强度试验。按"5""N"，结束本段试验，保存数据。

（8）完成一次试验后，松开卡盘，将十字板压到下一试验深度，重复上述（5）~（7）步骤继续试验。

注意：从拧十字板到每加一根十字板杆，必须将每处丝扣拧紧，否则摇把转30圈后仍在紧丝扣。

3. 试验成果

（1）土的不排水抗剪强度 C_u（kPa）由式（2.15）计算：

$$C_u = K\varepsilon \tag{2.15}$$

式中　K——电测式十字板头传感器的率定系数（kPa）；
　　　ε——土剪损时最大微应变值。

本试验仪器 CLD-4 可直接显示 C_u 值。

注：由于电测式十字板头传感器直接连接在十字板上方，因此整个测试过程中，十字板杆周围土对十字板试验无影响，整个蜗轮等机械阻力也对十字板试验无影响。故不必同机械开口钢环式十字板剪切仪进行以上影响因素的校正。

（2）计算土的灵敏度：

$$S_t = \frac{C_u}{C'_u} \tag{2.16}$$

式中　C_u——十字板原状土峰值抗剪强度（kPa）；
　　　C'_u——十字板重塑土残余抗剪强度（kPa）。

（3）C_u 修正系数：

由于十字板原状土峰值抗剪强度 C_u 值偏高，需要修正后才能用于设计，修正系数一般取 0.6~0.7，即为长期强度值。

在《工程地质手册》第四版（式 3-6-34）中，引用《铁路工程地质原位测试规程》规定：当 $I_p \leq 20$ 时，修正系数为 1；当 $20 < I_p \leq 40$ 时，修正系数为 0.9，以作为参考。

（4）绘制 C_u 随深度 h 的变化曲线（h-C_u 关系曲线）（见图 2.15）。

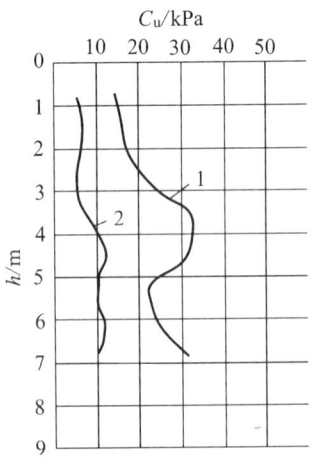

图 2.15　抗剪强度随深度变化曲线

1—原状土；2—扰动土

4. 试验成果的应用

（1）计算地基承载力：

$$q = 2C'_u + \gamma h \tag{2.17}$$

式中 q——地基承载力（kPa）；

C'_u——修正后的十字板抗剪强度（kPa），C'_u 为 60%~70%的 C_u 值；

γ——土的重度（kN/m³）；

h——基础埋置深度（m）。

注：引自《工程地质手册》第四版（式 3-6-35）。

（2）确定软土路基的临界高度：

$$H_c = KC_u \tag{2.18}$$

式中 H_c——临界高度（m）；

K——系数（m³/kN），一般取 3。

注：在公路选线中，软土路基临界高度的确定非常重要，用 Cu 来估算临界高度是一种比较有效的方法，引自《工程地质手册》第四版（式 3-6-38）。

2.6.5.2 机械开口钢环式剪切仪试验

本试验是钻井开孔抽土或洛阳铲（适于浅埋深软土）开孔抽土至测试位置上方，将本设备十字板压入孔底测试位置，所进行的十字板剪切试验。

1. 仪器设备

机械开口钢环式十字板剪切仪（见图 2.16、图 2.17），分 3 套系统等。

（1）十字板仪主机系统：包括施加扭力系统、测量扭力系统等。

（2）十字板仪底座系统：安置在孔内套管上或孔上方底座三脚架上；十字板仪主机系统安置其上。

（3）十字板系统。

2. 试验步骤

（1）钻井开孔至测试位置上方，下套管至测试位置上方（距测试段 3~5 倍套管直径长度）。若使用洛阳铲（适于浅埋深软土）开孔抽土，则将底座三脚架（它由 30 cm 长的套管外侧焊接三根脚架构成）安放孔正上方，三脚架踩板将脚架深深插入地面土中，要求能牢固地使十字板仪不产生相对转动。

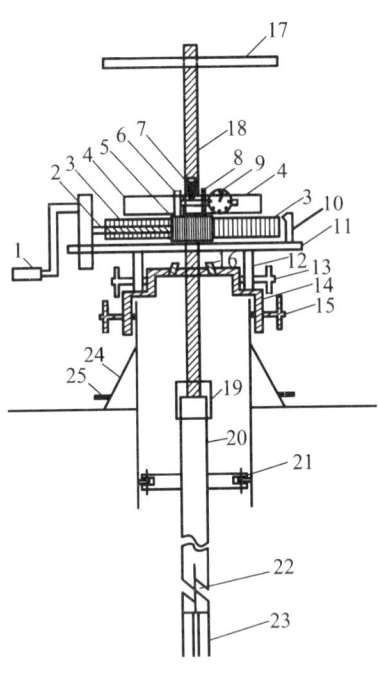

图 2.16 机械开口钢环式十字板剪切仪结构示意图

十字板仪主机系统：1—摇把；2—垂直面转动齿轮连动轴；3—水平面转动齿轮；(上标有水平面刻度盘)；4—开口钢环；5—垂直面转动齿轮；6—固定在开口钢环上的百分表脚板；7—特制键；8—百分表夹持架；9—百分表；10—水平面刻度盘指示器；11—底盘；12—安放在底座上的底盘固定架；13—底盘固定架制紧杆。十字板仪底座系统：14—安放在套管上的底座；15—底座制紧螺杆；16—支爪；24—底座三脚架；25—三脚架脚踩板；26—套管。十字板系统：17—手动转把；18—螺纹钢轴杆；19—变径接头；20—钻杆；21—钻杆导轮；22—离合器；23—十字板

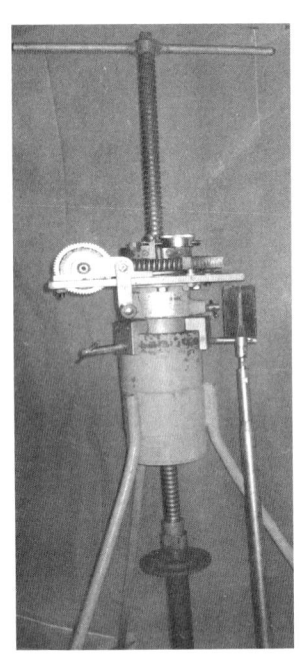

图 2.17 机械开口钢环式十字板

注：右为十字板与离合器

（2）将十字板系统放入孔内；取手动转把，将底座系统从螺纹钢轴杆顶端穿入，安放在套管上（或底座三脚架上），拧紧底座制紧螺杆；松开支爪，将十字板徐徐压入孔底土中测试段位置，再合上支爪（支爪功能是使十字板在同一深度水平面旋转）；再将十字板主机系统也从螺纹钢轴杆顶端穿入，安放在底座上，转动底盘，使特制键落入螺纹钢轴杆上的特制键槽内（特制键功能是使十字板仪主机系统与十字板系统进行连接），拧紧底盘固定架制紧螺杆。

（3）将百分表调零。水平刻度盘指示器所指度数为起始度数。

（4）原状土实测开始。转动摇把，摇把每 10 s 顺时针转一圈（即水平面上转 1°），每转一圈测记百分表读数一次，直到剪损破坏（当百分表读数出现峰值或稳定值，大约摇把转 20~30 圈，即水平面转动齿轮转动 20°~30°），抢读百分表最大读数 R_y。试验应在 3~5 min 内达最大值，此数为原状样峰值抗剪强度。

（5）完成原状土试验后，拔出特制键，安上手动转把，将十字板杆水平面上顺时针转 6

圈，使十字板周围土充分扰动。再插上特制键，重复步骤（3）、（4）的操作，测记重塑土剪切破坏时百分表最大读数 R_r，即取得重塑土剪损时的残余抗剪强度值。

（6）上提螺纹钢轴杆 2~3 cm，使十字板与离合器脱离开；插上特制键，重复步骤(3)、(4)的操作（此时十字板已不转动），测记钻杆与杆周围土摩擦及仪器机械摩擦的百分表最大读数 R_g。

（7）完成一试段的试验后，加长钻杆，松开支爪，将十字板压到下一试验深度，重复上述（3）~（6）步骤继续试验。

注意：从拧十字板到每加一根钻杆，必须将丝扣拧紧，必须拧紧底座制紧螺杆和底盘固定架制紧螺杆。否则，将产生摇把转30圈后仍在紧丝扣，或主、底座产生转动的后果。

3. 试验成果

（1）试验指标：土的不排水抗剪强度 C_u(kPa)。

$$C_u = KC / (R_y - R_g) \tag{2.19}$$

$$C'_u = KC(R_r - R_g) \tag{2.20}$$

式中　C_u——原状土抗剪强度（kPa）；
　　　C'_u——重塑土抗剪强度（kPa）；
　　　K——与十字板头尺寸有关的常数（m^{-2}）；
　　　C——开口钢环系数（kN/0.01 mm）；
　　　R_y——原状土剪切破坏时百分表最大读数（0.01 mm）；
　　　R_r——重塑土剪切破坏时百分表最大读数（0.01 mm）；
　　　R_g——钻杆与杆周围土摩擦及仪器机械摩擦的百分表最大读数（0.01 mm）。

（2）计算土的灵敏度：

$$S_t = \frac{C_u}{C'_u} \tag{2.21}$$

式中　C_u——十字板原状土峰值抗剪强度（kPa）；
　　　C'_u——十字板重塑土残余抗剪强度（kPa）。

（3）C_u 修正系数（见电测式十字板剪切仪）。

（4）绘制 C_u 随深度的变化曲线（h-C_u 关系曲线）（见图 2.15）。

（5）试验数据记录于表 2.44。

4. 试验成果的应用（见表 2.44）

表 2.44 机械开口钢环式十字板剪切仪试验记录表

工程名称：＿＿＿＿ 地点：＿＿＿＿ 钻孔编号：＿＿＿＿ 试验深度：＿＿＿＿
十字板规格：75 mm×150 mm   十字板常数 K：0.000 001 81/m²
开口钢环系数 C：0.001 4 kN/0.01 mm

原 状 土		重 塑 土		钻杆与土摩擦及机械摩擦		抗剪强度随深度变化曲线
度数	R_y/(0.01 mm)	度数	R_r/(0.01 mm)	度数	R_g/(0.01 mm)	

试验单位：　　　　　　　　试验者：　　　　　　　　时间：

2.6.6 旁（横）压试验

旁压测试（Pressuremeter Test）是岩土工程勘察中的一种常用的原位测试技术，又称横压试验。实质上是一种利用钻孔进行的原位横向载荷试验。

根据钻孔方法的不同,这种试验分预钻式和自钻式两大类。当前面未加"自钻"两字时,习惯上指预钻式。

旁压测试仪的工作原理是,通过旁压器向竖直的孔内施加压力,带橡皮膜的探头使旁压膜膨胀,并由旁压膜(或护套)将压力均匀地传给周围土体(或软岩),使土体(或软岩)产生变形直至破坏(见图 2.18),并通过量测装置,测出施加的压力和土变形(或径向位移)之间的关系,然后绘制应力-应变(或钻孔体积增量、或径向位移)关系曲线。根据这种关系推求地基土(或软岩)的力学性质指标所进行的一种原位试验。

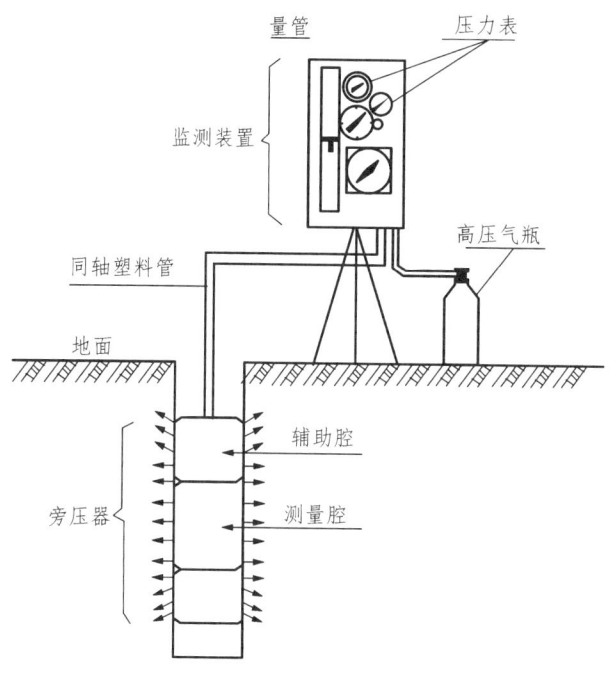

图 2.18 旁压测试示意图

预钻式旁压试验要预先钻孔,因而会对孔壁土体产生扰动,旁压孔的深度也因会塌孔、缩孔等原因而受到限制。为了克服预先成孔等一系列缺点,自钻式旁压测试技术应运而生了。

旁压试验的优点是:① 设备轻便,操作简易,测试迅速;② 可在不同深度进行试验,而不受地下水的限制;③ 与室内试验相比,横压试验的试样大得多,而且扰动不大;④ 与其他原位测试方法比较,试验时的应力条件接近于轴对称圆柱孔穴扩张方程,该方程的弹性解及弹塑性解是已解决了的;⑤ 除了可测定土的横向压缩性,还可测定原始侧压力系数 K_0、强度参数及应力应变关系。

总之,旁压试验的优点主要是与静力载荷测试比较而显现出来的:它可在不同深度上进行测试,所求地基承载力值基本和平板载荷测试所求得的相近,精度很高,预钻式设备轻便,测试时间短。其缺点是受成孔质量影响大,在软土中测试精度不高。

2.6.6.1 旁压测试法的基本原理、仪器设备及仪器的率定

1. 旁压测试法的基本原理

旁压试验可理想化为圆柱孔穴扩张课题，即轴对称平面问题。在分析中常把主腔孔壁四周的土体受力情况当作一个平面问题来处理。

2. 旁压测试法的仪器设备

预钻式旁压仪的型号较多，但其结构和梅纳德型旁压仪基本相同。国内定点生产旁压仪的厂家，其预钻式旁压试验的主要设备为旁压仪。它主要由四部分组成：旁压器（也称探头），加压稳定装置，变形量测系统和管路。构造原理如图2.19所示。

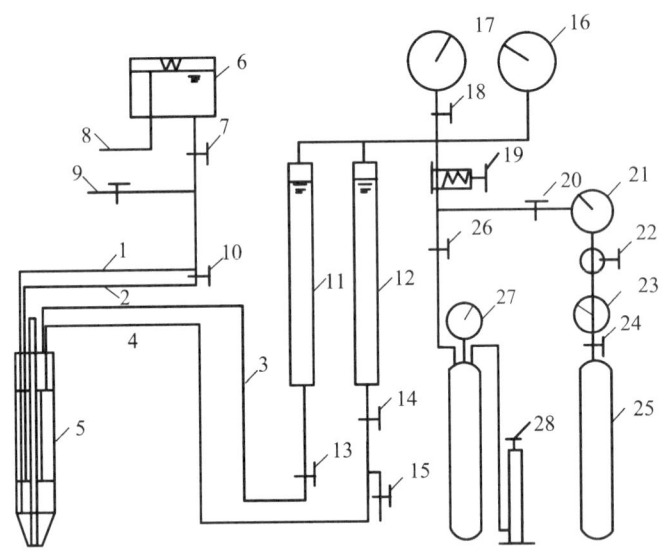

图 2.19 旁压仪构造示意图

1、2—注水管；3、4—导压管；5—旁压器；6—水箱；7—注水阀；8—水箱加压（连接打气筒）；9—排水阀；
10—中腔注水阀；11—辅管；12—测管；13—辅管阀；14—测管阀；15—调零阀；16—中压表；
17—低压表；18—低压表阀；19—调压阀；20—氮气加压阀；21—中压表；
22—减压阀；23—高压表；24—氮气源阀；25—高压氮钢瓶；
26—手动加压阀；27—钢瓶；28—打气筒

1）旁压器

它是旁压仪中的最重要的部件，是对土体施加压力的部分，由圆形金属骨架和包在其外的橡皮膜所组成。

旁压器一般为三腔式和单腔式。三腔式应用较广泛，三腔式的中间为主腔（也称测试腔），上、下为护腔，见图2.20-1。主腔和护腔互不相通，而护控之间则是相通的，把主腔夹在中间。

试验时，有压力的高压水从控制单元通过中间管路系统进入主腔（即测试腔），使橡皮膜沿径向（横向）对周围土体膨胀，压迫周围土体而对其施加压力，从而建立主腔压力和土体

体积变形增量之间的关系。同时，也向两护腔同步地输入同样压力的水使其压力和主腔保持一致，以便迫使主腔向四周沿水平方向同步变形，这样就可以把主腔周围的土体变形作为一个平面应变问题来处理。

旁压器中央有导水管，用来排泄地下水，使旁压器能顺利地置于测试深度。

旁压器分裸体和带金属鞘保护膜两种。对一般各类黏性土，可直接使用裸体旁压器；如遇到土层中含有碎石、角砾等锋利物质会损坏弹性膜时，可在旁压器弹性膜外面套上金属鞘保护膜进行测试。

目前，PY-2 型和 PY-3 型旁压器的外径均为 50 mm（带金属鞘装护套时，为 55 mm），测试腔长度均为 250 mm，体积为 491 cm^3（带金属鞘装护套者为 594 cm^3）。旁压器总长度为 500 mm。上、下腔（护腔）之间用铜导管沟通而与中腔隔离。

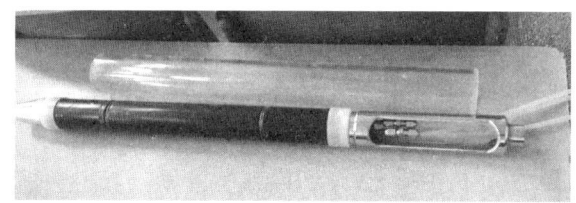

图 2.20-1　旁压器

2）压力和体积控制箱

一般情况下，预钻式旁压仪的压力和体积控制箱是设置在三脚架上的一个箱式结构。它包括加压稳压装置和变形量测装置两大部分。

加压稳压装置是由高压氮气瓶或人工打气筒、储气罐、调压阀和相应的压力表组成。加压稳压均通过调压阀控制。这部分装置的主要功能是控制进入旁压器的压力。

变形量测装置是由测管、辅管、水箱及各类阀门等部件构成。测管和辅管皆用有机玻璃制造，最小刻度为 1 mm，PY-2 型测管内截面积为 15.28 cm^2。PY-3 型还配有液位显示仪，分辨率可提高到 0.1 mm。这部分的主要功能是控制进入旁压器的水量。孔壁土体受压后相应的变形值，可用测量水位下降或水体积消耗量表示。控制膜与旁压器之间用管路系统连接。

3）管路系统

管路是连接旁压器和控制箱的"桥梁"。其作用是将压力和水从控制箱送到旁压器。

PY-2 型有两根导压管和两根注水管，PY-3 型有两根导压管，但只有一根注水管。管路由 1010 尼龙材料制成，能经受高压，其长度由最大测试深度决定，一般有十余米长。连在旁压器上的管路能通过快速接头和控制箱很快地连接在一起。

4）成孔工具

预钻式旁压仪要预先成孔，其成孔工具主要是勺钻（见图 2.20-2），适用于一般黏性土。对于坚硬土层，应用轻型钻机成孔。

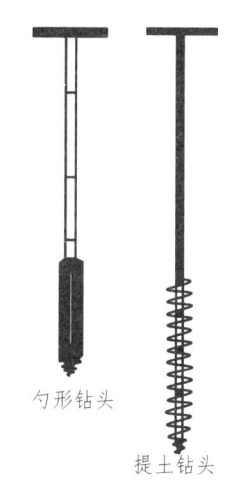

图 2.20-2　成孔工具

3. 旁压仪工作原理

当水箱中的水注满旁压仪的三腔并返回测管和辅管后,加压装置所加的气压,通过高压调压阀控制的预定压力,直接传到测管的辅管水面,使气压转变为水压,并将压力传递给放在钻孔中的旁压器;旁压器弹性膜受力后膨胀,从而对孔壁土体施加侧向压力,形成均匀的圆柱形应力区,导致土体变形并引起测管水位下降。根据试验压力和测管水位降之间的关系,可以得到应力大小及土体变形随着时间变化的规律。然后,绘制应力-应变关系曲线,通过曲线形态分析及利用有关公式,可求得土体力学性质的有关参数。

4. 旁压测试仪器的率定

在进行旁压试验的测试时,仪器本身会由于材料的受力变形引起误差(主要由于向土体施加压力时弹性膜本身的约束力消耗了部分压力);仪器管路受压产生相应变形,会加大测管的水位降。为了将这些影响消除,在进行试验前,必须进行弹性膜约束力的率定和仪器管路综合变形率定。

1)弹性膜约束力的率定

旁压器属于下列情况之一时,必须对弹性膜进行率定:
① 新使用的弹性膜。
② 新膜第一次率定在经 3~5 次测试后,要复校一次约束力。
③ 停止测试两昼夜以上,重新测试之前。
④ 气温有较大变化时。

一般情况下,在进行 10 次测试后可不再进行率定。

具体的率定方法如下:

① 接通旁压器管路系统,按旁压器的操作步骤进行排气和充水;将旁压器竖立于地面,让弹性膜在自由膨胀下进行率定;先对弹性膜进行加压,使其达到 600 cm³(或测管水位下降值达 40 cm)的膨胀量后,再退压,这样胀缩 4~5 次,然后进行试验。

② 量取旁压器中腔至测管零刻度处的高度,将此高度产生的静水压力作为第一级荷载。

③ 以 10 kPa 的压力等级加压。稳定 1~3 min 后,逐级读取各级压力作用下测管的水位值;注意测管水位下降至接近最大值时,要立即停止试验(水位下降值不得超过 40 cm)。

④ 绘制压力 P 与测管水位下降值 S(体积 V)的关系曲线(见图 2.21)。该曲线为弹性膜约束力校正曲线。

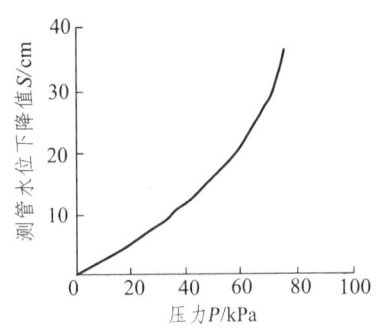

图 2.21　压力-测管水位下降值关系曲线

2）仪器管路综合变形的率定

在压力作用下，连接控制箱和旁压器的管路会膨胀。这将造成量管中的液体在到达旁压器主腔前的体积损失。对新启用的连接管路，或管路长度有变化时，须进行综合变形率定，以消除仪器受力变形的影响。

率定方法：将旁压器放进无缝钢管或有机玻璃筒内，管的内径要比旁压器的直径大 2~4 mm；接通旁压器管路系统，按旁压器的操作步骤进行排气和充水，在旁压器径向变形受到限制的条件下，逐级加压，压力等级为 100 kPa，一般加到 800 kPa 以上便终止试验。各级压力下的观测时间，原则上应与正式试验一致。根据压力 P 和测管水位下降值 S（或体积 V）绘制仪器综合变形率定曲线，即 P-S 曲线（见图 2.22）。

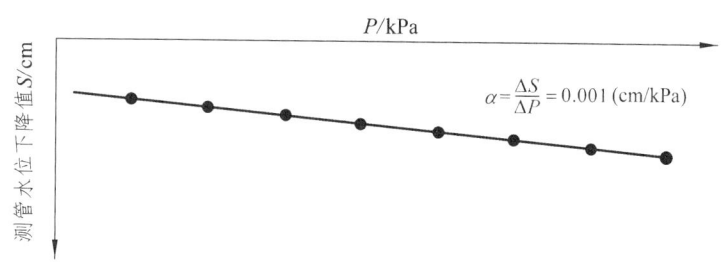

图 2.22　仪器综合变形校正曲线

注：图中的 α 值是曲线中直线段的斜率，即为仪器综合变形校正系数。

2.6.6.2　预钻式旁压试验的现场测试

1. 试验前旁压仪的调试

开始试验前，首先对仪器进行调试，其目的是检查仪器是否正常；倘有异常现象应及时排除，以免工作中断。

1）工作前的注水标准检查

按操作顺序注水，发现注水缓慢或不进水时，说明注水系统已阻隔或堵塞。常见出现故障处是注水阀，一般是阀门皮膜贴合孔口所致。此时，可不必拆卸阀门，可用"反冲法"排除故障。排除方法是：给储气罐加压至 0.5 MPa 以上，并关闭排水阀和调零阀，将其余阀门打开，给管路缓慢加压（加压前须将旁压器放入率定筒内，并将水箱注水盖打开）。当听到水箱有水噪声时，即表明管路已经通畅。当压力加至 0.5 MPa 以上时，若水箱仍无水噪声，说明管路堵塞严重。此时，必须拆管检查，一般发生堵塞的部位是注水阀和注水阀至水箱间的管道，其他部位不得轻易拆动。

2）弹性膜渗水检查

仪器注水后，将旁压器在无外力约束的状态下竖立放在仪器旁边，缓慢给旁压器加压至 0.05 MPa；待弹性膜胀大时，检查膜上有无渗漏现象；若有渗漏，则立即更换弹性膜。

2. 试验成孔技术条件与方法

1) 试验位置的确定

旁压试验作为地基勘察的手段之一，它可在地层中某一指定位置进行试验，与载荷试验相对比无疑是一个长处。在均质土中一般1 m安排一个试验，这样可了解沿深度范围内地基土层数的变化，对地基土进行评价。若地基可分为若干层，这时应注意试验位置的确定。试验时，若旁压长度内土体的物理力学性质变化较大，就势必造成膜膨胀的不均匀，这时 P-V 曲线会出现异常或膜产生破裂。因此，对于成层的土层，要求试验位置安排在同一层中，每层土不应少于1个测点，厚度大于3 m的土层，不应少于2个测点。

2) 成孔条件与方法

试验前，应平整试验场地，合理确定旁压孔的数目、布置方式及测试深度。必要时，可钻1~2个钻孔，以了解土层的分布情况。要选择适当的仪器和成孔方法，保证钻孔大小与旁压器直径相匹配。通常把旁压试验作为一个无限弹性介质中的圆柱状孔穴径向扩张问题来处理。因此，理想的钻孔应是圆柱形状，且孔壁平顺、光滑。成孔的要求如下：

① 钻孔直径比旁压器外径大2~6 mm（可根据地层情况和所选用的旁压器而定），土体稳定性好的土层，孔径不宜过大。

② 孔呈圆形，且孔壁应垂直、光滑，尽量避免对孔壁土体的扰动，保持孔壁土体的天然含水率。

③ 在取过原状土样或进行过标贯试验的孔段，以及横跨不同性质土层的孔段，不宜进行旁压试验。

④ 最小试验深度、连续试验深度的间隔、离取原状土钻孔或其他原位测试孔的间距，以及试验孔的水平距离等，均不宜小于1 m。

⑤ 钻孔深度应比预定的试验深度深35 cm（试验深度自旁压器中腔算起）。

⑥ 成孔工具：勺形钻头和提土钻头。对于不同性质的土层，宜选用不同的钻孔工具。对于坚硬—可塑状态的土层，可用勺型钻；对于软塑—流塑状态的土层，宜选用 ϕ 458~462 mm 的提土钻头。下钻前，必须检查小活门和气孔是否畅通；钻进时，一次不宜钻进过多，以防土高出钻头的出气孔，造成堵孔；提升时，要控制提升速度不宜太快，以保持提升时在孔底形成的空间为通过气孔补充的水所充填而达到平衡，不致出现缩孔、坍孔。如钻进到地下水位以下，且孔壁土层稳定性又差（如松散砂土）时，可采用泥浆护壁钻进。

当试验深度大于10 m，人工钻孔有困难时，可使用SH-30型工程钻机，先钻口径大一些的孔，当距试验深度还有1 m时，再钻适合于旁压试验要求的孔。

与静力触探、动力触探相比，成孔取土能对地层作出更为具体的地质描述，是旁压试验的一个长处，这一点往往不被重视。成孔时要通过钻进难易程度和对提出土的观察，对土层进行描述，必要时做含水率试验，这些方面对估算极限压力和地基评价是有益的。

3. 试验前准备

（1）水箱注水：将水箱注满蒸馏水或干净的冷开水，以保持管路清洁和减少水中的气泡。在整个试验过程中，水箱安全阀最好一直打开，以避免试验高压水偶然引入导致的水箱胀裂。

（2）接通管路：把旁压器上的 1 号注水管和 2 号、3 号两根导压管的快速接头分别与测量板上的插座对号插入。

（3）向旁压器和变形测量系统注水：将旁压器竖立于地面，关闭排水阀和调零阀。再把调压阀拧到最松位置。拧紧水箱盖，把打气筒接在水箱加压处，向水箱稍加压力（0.01～0.02 MPa）。同时，摇晃旁压器和拍打尼龙管，排除滞留在旁压器和管道内的空气。待测管和辅管中的水位上升到 15 cm 时，应设法缓慢注水（若注水太快，水易冲入调压阀和精密压力表内，影响其精度和使用寿命）。如注水过快，可先关闭测管阀，打开水箱盖，以消除压力再打开测管阀，此时水位将继续上升。当水位到达零刻度处或稍高于零位时，关闭注水阀和中腔注水阀，停止注水。

（4）调零和放入旁压器：把旁压器垂直举起，使旁压器中腔中点与测管零刻度相水平，打开调零阀；把水位调到零位后，立即关闭调零阀、测管阀和辅管阀；把旁压器放入钻孔预定测试深度处；此时，旁压器中腔不受静水压力，弹性膜处于不膨胀状态。

4. 试验开始

首先，打开测管阀和辅管阀，此时，旁压器内产生静水压力，该压力即为第一级压力。稳定后，读出测管水位下降值。

然后，逐级加压，可采用氮气加压和高压打气筒两种方式加压，并测记各级压力下的测管水位下降值。

当采用手动加压时，关闭氮气加压阀，打开手动加压阀；把打气筒与手动加压阀连接；向储气罐加压，使储气罐压力比预计的最高试验压力大 0.1～0.2 MPa。加压时，缓慢地按顺时针方向旋转调压阀并调至所需压力。测读压力值时注意：低压时采用低压表读取压力值；当低压表达 0.8 MPa 时，关闭低压表阀并改用中压表读数。

当采用氮气加压时，接上氮气加压装置导管，关闭手动加压阀，打开氮气加压阀，把氮气瓶上的减压阀按逆时针方向拧到最松位置（此时输出处于关闭状态），再打开氮气阀，按顺时针方向拧减压阀，使高压减到比预计所需最高试验压力大 0.1～0.2 MPa；缓慢地按顺时针方向旋转调压阀直调至所需压力。

1）加压等级

加荷等级的大小影响点的多少和成果精度，一般来说 P-S 曲线要有足够点进行描述才能满足要求，通常分为 10 个（或 7～14 个）相等的压力等级。临塑压力以前的直线段也应保持 4～6 个点，一般试验有 10～14 个点比较适宜，这样才能保持试验资料的真实性。

根据法国的资料介绍，将估计的极限压力分为 10 个等份，作为加荷等级。而极限压力是根据成孔的难易和经验来确定的。前苏联的资料要求试验曲线要有 15～16 个点，压力等级是按照黏性土的液性指标 I_L（大于或小于 0.25）和砂性土的密实度给出的。

加荷等级在我国采用预计极限压力的 1/8～1/12。在加荷的初始阶段，加荷等级小；或卸荷后再加荷，以减少土层的扰动，也可参照表 2.45 确定。

表 2.45 试验加荷等级

土的特征	加压等级/kPa	
	临塑压力前	临塑压力后
淤泥、淤泥质土，流塑状态的黏性土，松散的粉砂或细砂		
软塑状态的黏性土，疏松的黄土，稍密饱和的粉土，稍密很湿的粉砂或细砂，稍密的中、粗砂	≤15	≤30
可塑—硬塑状态的黏性土，一般性质的黄土，中密—密实的饱和粉土，中密—密实的粉砂、细砂，中密的中粗砂	25～50	50～100
硬塑—坚硬状态的黏性土，密实粉土，密实的中、粗砂	50～100	100～200
中密-密实碎石类土	≥100	≥200

2）加荷稳定标准

各级压力下观测时间的长短或加荷稳定时间的确定，是旁压试验的一个重要问题。由于不同稳定时间对固结程度要求是不同的，对试验结果将有影响；试验进行的时间出入也很大。因此，考虑不同的使用目的和条件，结合土的特征等具体情况，不同国家和不同部门，对此项规定的差别是比较大的。

规范推荐采用 1 min 或 2 min，按下列时间顺序测记测管水位下降值（或体积 V）：① 观测时间为 1 min 时：15 s，30 s，60 s；② 观测时间为 2 min 时：15 s，30 s，60 s，120 s。这样，对黏性土来说，基本上相当于不排水快剪的情况。

3）静水压力的确定

当旁压器放到预定位置后，打开测管阀和辅管阀，这时旁压器内的压力为从测管零刻度算起的静水压力，可采用式（2.22）、式（2.23）计算。

无地下水时：

$$P_w = (h_0 + Z)\gamma_w \tag{2.22}$$

有地下水时：

$$P_w = (h_0 + h_w)\gamma_w \tag{2.23}$$

式中　h_0——测管水面离孔口的高度（m）；
　　　Z——地面至旁压器中腔中点的距离（m）；
　　　h_w——地下水位离孔口的距离（m）；
　　　γ_w——水的重度（10 kN/m³）。

4）终止试验

旁压试验所要描述的是土体从加压到破坏的一个过程，试验的 P-S 曲线要尽量完整。因此，试验能否终止，一般取决于仪器的条件：压力达到仪器的最大额定值，或测管水位下降值接近最大允许值，否则，弹性膜有破裂的可能。

试验终止后，应使旁压器里的水返回水箱或排净，使弹性膜恢复至原来状态，以便顺利起拔旁压器。

旁压器和管路消压后，为了使旁压器弹性膜恢复到原来的状态，方可从小到大用力，慢慢上提，并取出旁压器。

5）试验记录

进行旁压试验，应在现场做好记录。其内容包括：所用旁压器型号、弹性膜编号及其率定结果、成孔工具、土层描述、地下水位、正式试验时的各级压力及相应的测管水位下降值（见表2.46）。

表2.46 旁压试验记录表

工程编号		委托单位		工程名称					
试验编号		孔口标高/m		试验深度/m			地下水位/m		
测管水面离孔口的高度/m				旁压器中受静水压力/kPa					
试验土层描述				备注					
压力 P/kPa				测管水位下降值 S/cm（累计值）					
压力表读数	总压力	校正值	校正后	0分	1分	2分	3分	校正值	校正后

记录人： 　　　计算： 　　　核对： 　　　时间：

5. 旁压测试成果整理与分析

旁压试验最后得到压力与变形的关系曲线（即 P-S、P-V 曲线），可从曲线上求出一些和土的性质有关的参数。由于仪器设备、工程地质条件等复杂性，试验曲线存在一些误差，为了克服这些误差，必须进行校正。

1）数据校正

在绘制 P-S 曲线之前，需要对试验记录中的各级压力及其相应测管水位下降值进行校正：
压力校正：

$$P = P_m + P_w + P_i \tag{2.24}$$

式中　P——校正后的压力（kPa）；
　　　P_m——压力表读数（kPa）；
　　　P_w——静水压力（kPa）；
　　　P_i——弹性膜约束力曲线上与测管水位下降值对应的弹性膜约束力（kPa）。

测管水位下降值，其校正公式：

$$S = S_m - (P_m + P_w)\alpha \tag{2.25}$$

式中　S——校正后的测管水位下降值（cm）；
　　　S_m——实测测管水位下降值（cm）；
　　　α——仪器综合变形校正系数（cm/kPa）。
其他符号意义同前。

2）绘制曲线

（1）坐标轴的确定。

通常采用纵坐标为压力 P(kPa)，横坐标为测管水位下降值 S(cm)绘制 P-S 曲线。绘制旁压曲线的比例尺要合适，一般情况下采用以横坐标 1 cm 代表体积变量 100 cm³ 或 1 cm 测管水位下降值；纵坐标 1 cm 代表 100 kPa，或根据具体情况选择比例尺的标准。图幅尺寸要求一般为 10 cm × 10 cm。

（2）绘制 P-S 曲线。

先连直线段，再用曲线板连曲线部分。曲线与直线的连接处要圆滑。

另外，有时用 P-V 曲线代替 P-S 曲线。设 V_m 为测管内的体积变量（cm³），换算公式为：

$$V_m = SA \tag{2.26}$$

式中　A——测管内截面积（cm²）；
　　　S——测管水位下降值（cm）。

从 S 换算到 V 后，按式（2.27）对体积 V 进行校正：

$$V = V_m - (P_m + P_w)\alpha \tag{2.27}$$

式中　V——校正后的体积（cm³）；
　　　V_m——$P_m + P_w$ 所对应的体积（cm³）。

其他符号意义同前。校正后,即可绘制 P-V 曲线。

3)曲线特征值的确定和计算

利用旁压试验确定土体的工程地质性质指标,首先要从旁压试验的曲线上几个特征段落上确定其特征值。典型的预钻式旁压曲线有 3 个变形阶段[图 2.23 中 P-S(或 P-V)曲线]。

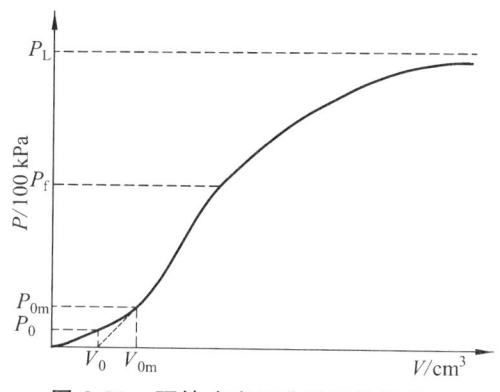

图 2.23 预钻式旁压曲线及特征值

(1)初始阶段及特征值确定。

该区段压力逐渐由零增加到 P_{0m},曲线下凸,斜率 $\Delta P/\Delta V$ 由小变大,在 P_m 处趋于直线段。其原理是:开始时,旁压器弹性膜膨胀,不受孔壁土体的阻力,只充填了膜与孔壁之间的空隙,进而将成孔后因应力释放而向孔内膨胀的土体挤压回原来位置。这个阶段的终点压力为 P_{0m}(对应的体积增量为 V_{0m})。

根据梅纳德理论,曲线中直线段的起点 P_{0m} 应相当于测试深度处土的静止侧压力 P_0。

但是,由于预先钻孔,因孔壁土体受到了扰动等因素的影响,P_{0m} 值一般都大于 P_0 值。静止侧压力 P_0 值(以下压力单位均为 kPa)可以用计算法或图解法求取。

计算法,按式(2.28)计算:

$$P_0 = \xi(\gamma h - \mu) + \mu \qquad (2.28)$$

式中 ξ——静止土侧压力系数(按土质而定),一般砂土、粉土取 0.5;黏性土取 0.6;淤泥取 0.7。

γ——土的重度(地下水位以下为饱和重度)(kN/m³)。

h——测试点深度(m)。

μ——测试点的孔隙水压力(kPa);正常情况下,它极接近于由地下水位算得的静水压力,即在地下水位以上,$\mu = 0$;在地下水位以下时,按式(2.29)计算:

$$\mu = \gamma_w(Z - h_w) \qquad (2.29)$$

符号意义同前。此种方法要预估 ξ 值。

图解法,由于 P_{0m} 值一般都大于 P_0 值,因此,基于图解法求 P_0 的基本想法均是往小的

方向修正 P_{0m} 值。应用较多的方法有：① 将旁压曲线直线段延长，与 S（或 V）轴相交，由交点作 P 轴平行线与 P-S 曲线相交，其交点对应的压力即为 P_0；② 上述作图法受成孔质量的影响，可能产生较大的误差，一般无规律性。现又提出一种新的作图法（见图 2.24）。

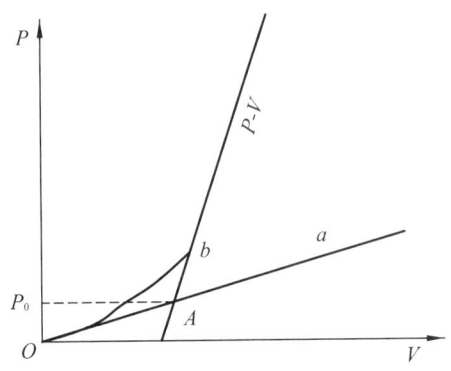

图 2.24 交点法求 P_0 值（据王长科）

根据 P-S 曲线特征，开始的曲线段因土受扰动所致，直线段表示土处于未扰动状态的似弹性段。作曲线段的初始切线，与直线段的延长线相交，其交点对应的压力即为 P_0 值。其物理意义是扰动土和原状土接触点，表示土的原位水平应力值。该法考虑了成孔扰动的影响，合理简便。经检验，P_0 值随深度增加而增大，和理论计算值基本相符合。而又比理论计算更符合实际，不用估算 ξ 值，完全由旁压曲线即可求得 P_0 值。只不过该法要求在试验初期采用小等级加荷，以便所测的旁压曲线能准确地反映原状土和孔周扰动土的应力变形特性。

（2）似弹性变形阶段及区临塑压力 B 的确定。

似弹性变形阶段指 P-S 曲线上的近似直线段，压力由 P_{0m} 增至 P_f。直线段的终点压力称为临塑压力 P_f（也称屈服压力或比例极限），对应的体积增量为 V_f；该区段内的土层变形，可视为线性变形阶段。各类土预钻旁压曲线的这一直线段，都比较明显。

临塑压力 P_f 可按下列方法之一确定：

直线段的终点所对应的压力为临塑压力 P_f。

可按各级压力下 30～60 s 的测管水位下降值增量 ΔS_{30-60}（或体积增量 ΔV_{30-60}），或 30～120 s 的测管水位下降值增量 ΔS_{30-120}（或 ΔV_{30-120}）同压力 P 的关系曲线辅助分析确定，即 P-ΔV_{30-60} 或 P-ΔV_{30-60}，其曲线拐点所对应的压力即为临塑压力 P_f。

（3）塑性变形发展阶段和水平极限压力 P_L 的确定。

塑性变形发展阶段指孔壁压力大于 P_f 以后的曲线段。曲线呈上凸形，斜率由大变小，表明土体中的塑性区的范围不断发展和扩大。从理论上讲，当曲线斜率趋于零时，即使压力不再增加，体变也会继续发展，表明土体已完全达到破坏状态，其相应的压力称为极限压力 P_L。实测时，由于测管水量限制，常常不出现这种情况。因此，根据实际情况选用体变增量达到或超过某一界限值时所对应的压力 P_L，该 P_L 称为名义上的极限压力，按下列方法之一确定：

手工外推法：凭肉眼将曲线用曲线板加以延伸，延伸的曲线应与实测曲线光滑而自然地连接，并呈趋向与 S（或 V）轴平等的渐近线，其渐近线与 P 轴的交点即为极限压力 P_L。

倒数曲线法：把临塑压力 P_f 以后的曲线部分各点的测管水位下降值 S（或体积 V），取倒数 $1/S$（或 $1/V$），作 P-$1/S$（或 P-$1/V$）关系曲线（近似直线），在直线上取 $1/(2S_0+S_c)$ 或 $1/(2V_0+V_C)$ 所对应的压力，即为极限压力 P_L。

在工程实践中，常用双倍体积法确定极限压力 P_L。

$$V_L = V_C + 2V_0 \tag{2.30}$$

式中　V_L——P_L 所对应的体积增量（cm^3）；
　　　V_C——旁压器中腔初始体积（cm^3）；
　　　V_0——弹性膜与孔壁接触时的体积增量，即直线段与 V 轴交点的值（cm^3）。

国内常用测管水位下降值 S 表示，即：

$$S_L = S_C + 2S_0 \tag{2.31}$$

式中　S_L——P_L 所对应的测管水位下降值（cm）；
　　　S_C——与中腔原始体积相当的测管水位下降值（cm）；
　　　S_0——直线段与 S 轴的交点所代表的测管水位下降值（cm）。

V_L 或 S_L 所对应的压力即为 P_L。

在试验过程中，由于测管中液体体积的限制，使试验往往满足不了体积增量达到 $(2V_0+V_C)$ 即相当孔穴原来体积增加一倍的要求。这时，需凭肉眼用曲线板将曲线延伸，延伸的曲线与实测曲线，应光滑自然地连接，取 S_L（或 V_L）所对应的压力作为极限压力 P_L。

4）影响旁压测试成果精度的主要因素

旁压试验受多种因素的制约。有资料表明：影响旁压试验成果的主要有钻孔质量、加压方式、旁压仪构造和规格、变形稳定标准及地下水等因素。

（1）钻孔质量。

由于预钻式旁压测试要预先钻孔，然后在钻孔中做测试，所以成孔质量对保证测试的精度及成果的获取甚为重要，是旁压测试成败的关键。

预钻式钻孔试验要求钻孔垂直、光滑、横截面呈完整的圆形，这样才能运用弹性理论和轴对称问题进行有关计算，否则应力分布不均匀，影响测试的结果。同时还应特别注意钻孔大小必须与旁压器直径相匹配，钻孔孔壁土体要尽可能少受扰动；只有这样，才能保证测试成果可靠。否则，将使测试结果（旁压曲线）无法应用。

如图 2.25 所示，图中只有一条旁压曲线是正常的，其他曲线由于成孔质量不合格而反常：缩孔曲线反映钻孔太小或有缩孔现象，旁压器被强行压入钻孔中。旁压曲线前段消失，是因为测试前孔壁已受到挤压，同时孔壁挤压旁压器，只有施加一定压力后，旁压器三腔体积才能恢复到原始状态，所以只有压力增加而无体积增量，求不出 P_0 值；当孔壁被严重扰动时，会形成较厚的松动圈，加荷后反映在曲线上有一长段呈弧形的上弯，说明扰动土层被压密，此时因旁压器的膨胀量所限，使试验达不到要求，遂呈现图中的曲线形态。若孔径太大，曲线上形成一长段的 S_0，则测管中的水量有相当一部分用来填补旁压器与孔壁之间的孔隙，造成测管中的水量不足，使试验达不到极限压力。

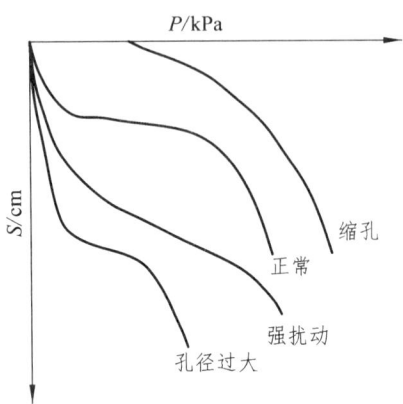

图 2.25 旁压曲线的几何形状

当土质较硬（如硬黏土、中密以上的砂、风化或半风化岩石以及某些砂砾石混合土）或钻孔深度较大（如 15 m）时，使用人力手钻有困难，可以采用机械钻进。钻进方法可分干法和湿法两种。用干法钻进，要钻进一个回次提一次土，适用于稳定性较好的土层；对稳定性差的土层须用湿法钻进，并用泥浆护孔。

（2）加压方式。

加压方式主要指加压等级与加压速率两方面。

加压等级的选择和设计，是个重要的技术问题。试验中，加压等级选择：如过密，则会延长试验时间；如过稀，则不易在旁压曲线上准确获得 P_0 及 P_f 值。

加压等级要根据土质情况而定。土的力学强度越低，加压等级越小；反之，则越大。

考虑旁压曲线首段变化较大的特点，为准确确定 P_0 值，应在首段加密观测点，即一般土的临塑压力前，压力级差要小一点，压力增量适当减小。这样可明确地确定 P_0 和 P_f 值，待超过 P_f 值时，要适当放大级差，否则将影响工作效率。

（3）稳定变形标准的影响。

旁压试验的加压稳定变形标准不同，对试验有一定的影响，特别是对水平极限压力的影响较大。1 min 和 5 min 产生的孔隙水压力是不相同的，土体排水的不同，其效果也不尽相同。国内规范规定：稳定时间为 1 min、2 min。

（4）旁压测试临界深度影响。

在均质土层中进行旁压测试时，P_f 或 P_L 自地表随埋深加大而明显增加；但到某一深度之后，随埋深加大基本上保持不变或增加趋势明显减缓。这一深度称为旁压测试的临界深度。临界深度随土体密实度的增加而增加，尤其是在砂土中表现明显，一般临界深度为 1~3 m。

在黏性土中还未发现，应继续研究。

产生临界深度的原因是旁压时有垂向变形，在临界深度以内垂向变形明显。在临界深度以下，因上覆土压力加大，限制了旁压的垂向变形，基本上只有径向变形。

应该指出，地下水位的变化和旁压仪构造和规格的不同，也会影响测试成果的精度。水位的波动影响到压缩模量的变化。因此，对这样的地区进行旁压试验时就要考虑地下水位的影响。

6. 旁压测试成果的应用

旁压测试实质上是一种横向载荷试验。旁压测试与载荷变形观测、成果整理及曲线形状等方面，都有类似之处，甚至有相同之处。但旁压测试的设备重量轻、测试时间短，并可在地基土的不同深度上（尤其是适用于地下水位以下的土层）进行测试，因而其应用比载荷测试更广泛。目前国内外旁压试验成果的应用主要有以下几个方面：

1）确定地基承载力

我国目前基本上采用临塑荷载和极限荷载两种方法，来确定地基土体的容许承载力。

水利部行业标准《土工试验规程》（SL 237—1999）规定的方法如下：

（1）临塑压力法。

大量的测试资料表明，对于土质均匀或各向同性的土体，用旁压测试的临塑压力只减去土层的静止侧压力 P_0 所确定的承载力，与载荷测试得到的承载力基本一致。国内在应用旁压测试确定地基承载力 f_0 时，一般采用式（2.32）计算：

$$f_0 = P_f - P_0 \tag{2.32}$$

式中　f_0——地基承载力（kPa）。

（2）极限压力法。

对于红黏土、淤泥等，其旁压曲线经过临塑压力后，急剧拐弯；破坏时的极限压力与临塑压力之比值（P_L/P_f）小于 1.7。为安全起见，采用如式（2.33）所示极限压力法为宜：

$$f_0 = \frac{P_L - P_0}{F} \tag{2.33}$$

式中　F——安全系数，一般取 2~3。

对于一般土体，宜采用临塑荷载法，对旁压曲线过临塑压力后急剧变陡的土，宜采用极限荷载法来确定地基土承载力。

住房和城乡建设部行业标准《高层建筑岩土工程勘察规程》（JGJ 72—2004）规定，推荐地基承载力特征值 f_{ak}，按式（2.34）、（2.35）计算：

$$f_{ak} = \lambda_1(P_f - P_0) \tag{2.34}$$

$$f_{ak} = \lambda_2(P_L - P_0) \tag{2.35}$$

式中 λ_1、λ_2——修正系数。λ_1 对于一般黏性土,可结合各地区工程经验取值;具体取值可参照《高层建筑岩土工程勘察规程》;λ_2 对于黏性土取 0.42~0.50;粉土取 0.30~0.43;砂土取 0.25~0.37。也可根据经验取值,但 λ_1 不应大于 1.0;λ_2 不应大于 0.5。

2) 确定单桩竖向容许承载力

桩基础是最常用的深基础,其承载力由桩周侧面的摩阻力和桩端承载力两部分提供。考虑到旁压孔周围土体受到的作用是以剪切为主,与桩的作用机理比较相近;因此,分析和建立桩的承载力和旁压试验结果之间的相关关系是可能的。1978 年,Baguelin 提出了估算单桩的容许承载力的计算式:

$$[q_d] = P_L/3 \qquad (2.36)$$

$$[q_f] = P_L/20 \qquad (2.37)$$

式中 $[q_d]$——桩端容许承载力(kPa);

$[q_f]$——桩侧容许摩阻力(kPa)。

《高层建筑岩土工程勘察规程》建议:打入式预制桩的桩周土极限侧阻力 q_{sis},可根据旁压试验极限压力查表(见表 2.47)确定。而桩端土的极限端阻力的值 q_{ps} 可按式(2.38)、式(2.39)、式(2.40)计算。

黏性土:

$$q_{ps} = 2P_L \qquad (2.38)$$

粉土:

$$q_{ps} = 2.5P_L \qquad (2.39)$$

砂土:

$$q_{ps} = 3P_L \qquad (2.40)$$

表 2.47 打入式预制桩的桩周土极限侧阻力 q_{sis}(kPa)

土 性	旁压试验极限压力 P_L/kPa												
	200	400	600	800	1 000	1 200	1 400	1 600	1 800	2 000	2 200	2 400	≥2 600
黏 土	10	24	36	50	64	74	80	86	90				
粉 土		24	40	52	66	76	84	92	96	98	100		
砂 土			40	54	68	84	94	100	106	110	114	118	120

钻孔灌注桩的桩周土极限侧阻力 q_{sis} 为打入式预制桩的 0.7~0.8 倍;桩的极限端阻力 q_{ps} 为打入式预制桩的 0.3~0.4 倍。

3）确定地基土层旁压模量

地基土层旁压模量是反映土层中应力和体积变形（可表达为应变的形式）之间关系的一个重要指标，它代表了地基土水平方向的变形性质。

由于加荷方式采用快速法，相当于不排水条件，依据弹性理论，对于预钻式旁压仪，根据梅纳德（Menard）理论，在 P-V 曲线上的近似直线段，土体基本上可视为线弹性介质。根据无限介质中圆柱形状孔穴的径向膨胀理论，孔壁受力 ΔP 作用后径向位移 Δr 和压力 ΔP 的关系为：

$$\frac{\Delta r}{r} = \frac{1}{2G} \Delta P \tag{2.41}$$

式中　G——剪切模量。

旁压试验实测孔穴体积的变化所引起的径向位移变化 Δr 为：

$$\Delta r = \Delta V / 2\pi r L \tag{2.42}$$

式中　L——旁压器测试腔长度（见图 2.26）。

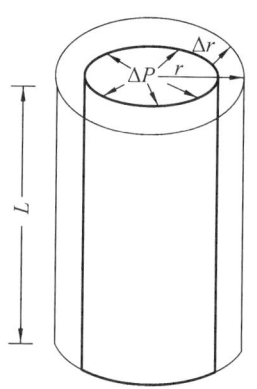

图 2.26　求旁压模量原理图

将式（2.42）代入式（2.41）可得：

$$G = \pi r^2 L \frac{\Delta P}{\Delta V} = V \frac{\Delta P}{\Delta V} \tag{2.43}$$

在式（2.43）中，可取 r 为 P-V 曲线上近似直线段中点所对应的旁压孔穴半径 r_m，相应的孔穴体积为 V，则：

$$V = V_C + V_m \tag{2.44}$$

式中　V_m——近似直线段中点对应的体积增量（cm^3）；

　　　V_c——旁压器量测腔初始固有体积（cm^3）。

其他符号意义同前。

弹性理论中剪切模量 G 与弹性模量 E 之间的关系式为：

$$G = \frac{E}{2(1+\mu)} \tag{2.45}$$

若将旁压测试中的 E 用 E_m 来表示,将式(2.43)和式(2.44)代入式(2.45),得:

$$E_m = 2(1+\mu)(V_c + V_m)\frac{\Delta P}{\Delta V} \tag{2.46}$$

式中 E_m——旁压模量(kPa);

μ——土的泊松比;

$\frac{\Delta P}{\Delta V}$——$P$-$V$ 曲线上直线段的斜率(kPa/cm³)。

其余符号意义同前。

根据式(2.47)计算旁压模量:

$$E_m = 2(1+\mu)\left(V_c + \frac{V_0 + V_f}{2}\right)\frac{\Delta P}{\Delta V} \tag{2.47}$$

式中 V_f——与临塑压力 P_f 所对应的体积(cm³);

V_c——旁压器量测腔初始固有体积(cm³);

V_0——与初始压力 P_0 对应的体积增量(cm³)。

国内也有采用测管水位下降值,即将体积值除以测管截面积,则式(2.47)可改为:

$$E_m = 2(1+\mu)\left(S_c + \frac{S_0 + S_f}{2}\right)\frac{\Delta P}{\Delta V} \tag{2.48}$$

式中 S_c——与测试腔原始体积相当的测管水位下降值(cm);

S_0、S_f——P-S 曲线上直线段所对应的测管水位下降值(cm);

$\frac{\Delta P}{\Delta V}$——旁压曲线直线段的斜率(kPa/cm)。

其余符号意义同前。

通常旁压模量 E_m 和变形模量 E_o 的关系,梅纳德(Menard)建议用下式来表示:

$$E_m = \alpha \cdot E_o \tag{2.49}$$

式中 α——土的结构系数,其取值在 0.25~1.0,具体见表 2.48 所列。

表 2.48 土的结构系数常见值

土 类	系 数	E_m/P_L			α		
		超固结土	正常固结土	扰动土	超固结土	正常固结土	扰动土
淤 泥	E_m/P_L					1	
黏 土	E_m/P_L	>16	9~16	7~9	1	0.67	0.5
粉 砂	E_m/P_L	>14	8~4		0.67	0.5	0.5

续表 2.48

土 类	系 数	E_m/P_L			α		
		超固结土	正常固结土	扰动土	超固结状态	正常固结土	扰动土
砂 土	E_m/P_L	>12	7~12		0.5	0.33	0.33
砾石和砂土	E_m/P_L	>10	6~10		0.33	0.25	0.25

对于自钻式旁压试验，仍可采用式（2.47）、式（2.48）来计算旁压模量。由于自钻式旁压试验的初始条件与预钻式旁压试验长期保持不同，预钻式旁压试验的原位侧向应力经钻孔后已释放。两种试验对土的扰动也不相同，故两者的旁压模量并不相同。因此，在工程中应说明试验所用的旁压仪器类型。

4）确定土的变形模量

变形模量是计算地基变形的重要参数，它是表示土体在无侧限条件下受压时，土体所受的压应力与相应压应变之比。变形模量与室内试验求得的压缩模量之间的关系如式（2.50）所示。

$$E_o = \left(1 - \frac{2\mu^2}{1-\mu}\right) E_s \qquad (2.50)$$

式中　E_o——土的变形模量（kPa）；
　　　E_s——土的压缩模量（kPa）；
　　　μ——泊松比。

用旁压测试曲线直线段计算的变形模量公式，由于加载速度比较慢，实际上考虑了排水固结的变形。而土的旁压模量也是所测曲线直线段斜率的函数。

2.6.7　土体声波探测

弹性波在地层介质中的传播可分为压缩波（P波，纵波）和剪切波（S波）；在地层表面传播的面波可分为Rayleigh波（瑞利波，R波）和Love波（L波）。它们在介质中传播的特征和波速各不相同。压缩波波速最快，最先到达，频率高，波幅最小；剪切波波速小，第二到达，频率较低，剪切波的能量为压缩波的3~4倍，故波幅大；瑞利波最慢，波幅较小。

弹性波探测的特点是它的穿透性，即它能够探测肉眼观察不到、仪器不能直接接触到的物体内部。虽然不同位置的岩土性能有差异，但它能在岩土体测段内，得到一个综合表征值，因此，相比其他方法更具有实用性。声波（即频率为20 Hz到数千 Hz的声频弹性波）探测是弹性波探测技术中的一种，即测定声波在土体内的传播速度，得到波速数据；由于不同土地体性质与结构存在差异，决定了波速的差异。根据这个原理，通过对波速数据的反演，分析土体结构，进行场地地层分类，查清地质异常体（地下坑道、洞穴），进行地基处理后的检测（通过测处理前、处理后波速）。

声波测试方法分为单孔法、跨孔法（见图2.27）和面波法。由于土中的压缩波受含水量的影响，不能真实地反映土的动力特征，故通常以测剪切波为主。

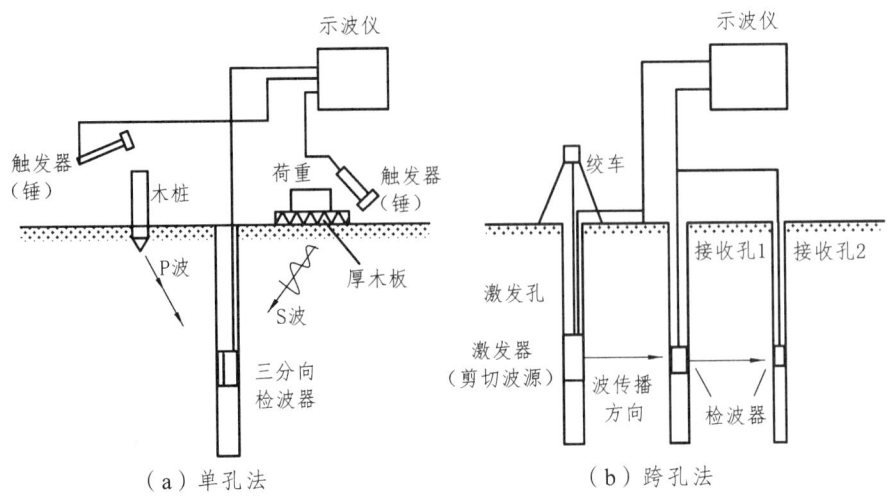

图 2.27 声波测试布置图

2.6.7.1 单孔法

单孔法又叫逐层检测法,如图 2.27(a)所示。在一个孔所在地表面激振,孔内接收。测得的波速为地表至测点之间土层的平均波速,而不能得到特定土层的波速,且测试深度有限。

1. 试验设备

试验设备包括激发装置和接收装置两部分。

激发装置:采用击板法(见图 2.28)。在地表放一块堆重物的木板(激振板),用锤敲击木板端部,使木板与地面土层产生水平剪切力,于是产生水平向的剪切波 S_h,向孔内检波器传播,木板尺寸为长 2.5~3 m,宽 0.3 m,厚 0.05 m。

接收装置:孔内检波器(见图 2.29)和地面接收仪器(含示波器)。孔内检波器由 3 个互相垂直的检波器组成,接收土层产生水平向的剪切波主要由 3 分量检波器中的 2 个水平向检波器完成。

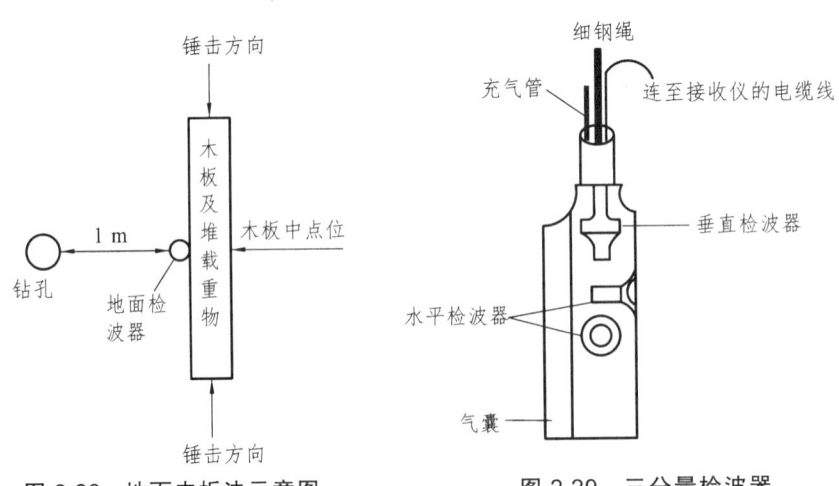

图 2.28 地面击板法示意图　　图 2.29 三分量检波器

2. 试验步骤

（1）首先确保钻孔壁光滑和钻孔垂直，然后将 3 分量检波器放入孔内预定深度，向充气管加压使气囊鼓胀而迫使检波器侧壁紧贴孔壁。

（2）激振板中央距离孔口 1 m 处，铁锤由脉冲触发开关，其导线接入接收器；也可用普通铁锤，而在靠木板中点处安放一触发检波器，其导线接入接收器，以此检波器信息为激发起始位置。激振板需与地面保持良好接触，板上压约 500 kg 重物（或小车前两轮压上）。

（3）试验时，用铁锤水平敲击激振板一端（激发源），地表土层产生的水平向剪切波 S_h 经土层传播，由孔内 3 分量检波器的水平向检波器接收，输入接收仪。试验要求接收仪获得 3 次清晰的记录波形（正方向的剪切波形）。然后再反向从另一端敲击激振板，要求同样获得 3 次清晰的波形为止（反方向的剪切波形），该点试验结束。

（4）松开检波器，作下一测点试验。

3. 试验数据处理

（1）实测正、反向剪切波形重叠，确定剪切波到达起始位置（初至 S 波点），如图 2.30 所示。

由于正、反向剪切波波形相位差 180°，而压缩波不变，因此反向敲击时，初至反向压缩波与初至正向压缩波都一样，向下（见重叠部分）；而反向剪切波与正向剪切波恰好相反。

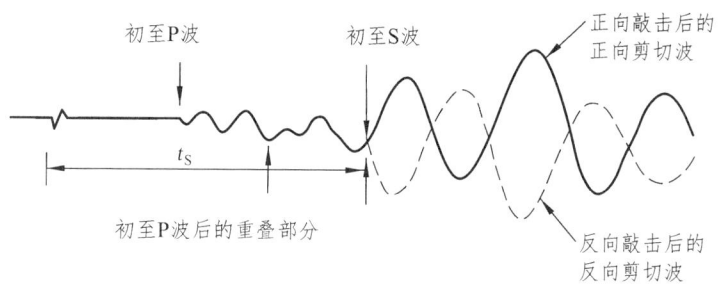

图 2.30 正、反向剪切波波形重叠法

（2）波速计算（见图 2.31）。

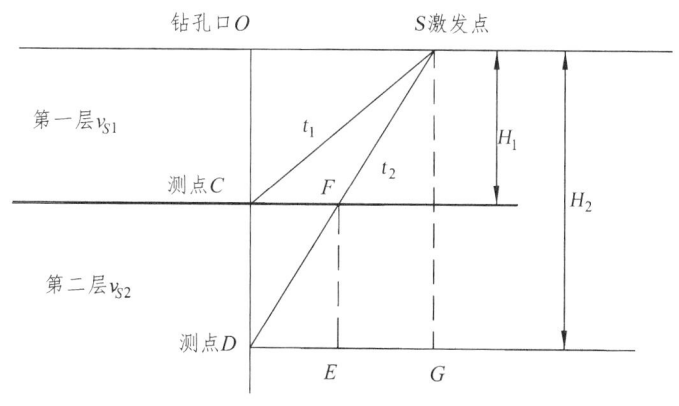

图 2.31 波速计算图

t_1—激发点到测点 C 走时；t_2—激发点到测点 D 走时

① 剪切波速计算公式：

$$v_S = \frac{l}{t_S} \tag{2.51}$$

式中 v_S——剪切波速（m/s）；

l——激发源至检波器两点之间距离（m）；

t_S——激发起始位置与剪切波到达起始位置之间的走时（s）。

② 求孔内各土层剪切波速。前提是：同一土层为均质体，波速在同一土层内的竖向、斜向、水平向的传播速度相同。因此土层波速是指土层的垂直高度间的波速。

a. 深度在10 m内时：

求第一层土层波速 v_{S1}。激发点 S、测点 C 布置在第一与第二层分界面上。先实测出 S 点与 C 点之间的走时 t_1，求出 L_{SC}，计算出 S 点与 C 点之间波速，也即为第一层土层波速（孔口 O 点与 C 点之间波速）v_{S1}。

求第二层土层波速 v_{S2}。第二测点 D 布置在第二层土内。实测出 S 点与 D 点之间的走时 t_2，设 L_{SF} 的走时为 t_{SF}，则 L_{DF} 间的走时为 $(t_2 - t_{SF})$；计算出 L_{DF} 间波速，也即第二层土层波速（C 点与 D 点之间波速）v_{S2}。

$$v_{S2} = \frac{L_{DF}}{t_2 - t_{SF}} \tag{2.52}$$

$$t_{SF} = \frac{L_{SF}}{v_{S1}} \tag{2.53}$$

注：在直角三角形 SDG 中，计算出 L_{DF}、L_{SF}。

b. 测点深度大于10 m时，将激发点到 C、激发点到 D 的走时 t_1、t_2，简化为孔口到 C、孔口到 D 的走时，可按式（2.54）计算。

$$V_{S2} = \frac{H_2 - H_1}{t_2 - t_1} \tag{2.54}$$

4. 试验成果应用

（1）划分场地土类型。

依据《建筑抗震设计规范》（GBJ 11—89）规定，场地土类别一般按场地覆盖层厚度内（场地覆盖层厚度大于15 m时，取15 m）土层平均（按厚度加权）剪切波速进行划分，如表2.49所示。

表 2.49 场地土类别

类 别	土层的平均剪切波速 v_S/(m/s)
坚硬场地土	$v_S>500$
中硬场地土	$500 \geqslant v_S>250$
中软场地土	$250 \geqslant v_S>140$
软弱场地土	$v_S \leqslant 140$

注：本表引自《工程地质手册》第三版，表6-6-2。

（2）不同土层剪切波传播速度，如表 2.50 所示。

表 2.50 不同土层剪切波传播速度

土层名称	剪切波速范围/(m/s)
回填土、表土	90～220
淤泥、淤泥质土	100～170
软黏土	90～170
硬黏土	120～190
坚硬黏土	170～240
粉细砂	100～200
中粗砂	160～250
砾砂、粗砂	240～350
砾石、卵石、碎石	300～600
风化岩	350～500
岩石	>500

注：本表引自《工程地质手册》第四版，表3-9-3。

（3）地基处理前后波速检测。

如某机场高填方工地填石强夯试验区波速检测结果。

在本区进行单孔法测试，测点深度为 1m、2m、3m、4m、5m、6m、7m、8m，激振板离孔口 1m，木板上压重物，用铁锤从两个方向敲击木板端部，使木板与地面产生剪切波，根据波速记录。绘制剪切波 v_s 与深度关系 Z 曲线图（见图2.32）。

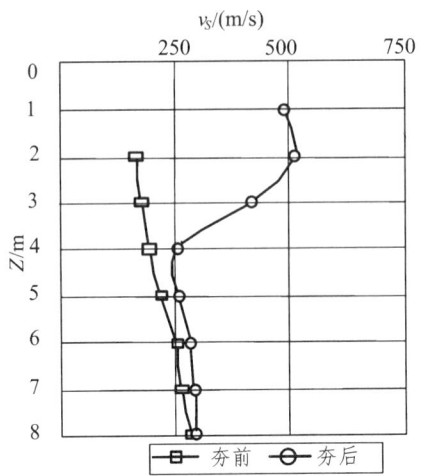

图 2.32 填石强夯区 v_S 波速与深度关系曲线图

从曲线可看出地基强夯处理前、后在 4 m 范围内的浅表部地层地基土波速显著提高，夯前 v_S 平均为 188 m/s，夯后 v_S 平均为 423 m/s。但 4 m 以下地层波速提高不太大，说明地基强夯处理法对较深土体无显著夯实加固效果。

本区根据平均剪切波速划分，地基强夯前场地类型为中软场地，地基强夯后为中硬型场地（参见表 2.49 场地土类型）。

2.6.7.2　跨孔法

跨孔法是以一孔为激发孔，另外布置一或两个检波孔，测试布置图如图 2.27（b）所示。

跨孔法可直接测定不同深度处的土体波速，直接测定成层状土层中的水平传播剪切波。相对单孔法：测试深度较深，能得到特定土层的波速；测试精度较高，但两孔越深越不易平行，带来误差。由于工程量较大，费用也较高，适于较大工程勘查。

1. 试验设备

试验设备包括激发装置和接收装置两部分。

激发装置：孔内剪切锤为人工激发装置，形状为圆筒体，两侧有翼板，翼板可伸出伸进，通过油压或气压使翼板伸出紧贴孔壁；中间为细钢绳牵动的滑动重锤，拉动细钢绳使滑动重锤自由下落或快速上升冲击紧贴孔壁翼板，翼板即与孔壁土层产生剪切力，土层产生垂向剪切波 S_v，向检波孔传播。

接收装置：孔内检波器和地面接收仪器（含示波器），与单孔法相同（见图 2.33），接收的是土层产生的垂向剪切波（由 3 分量检波器中的垂向检波器完成）。

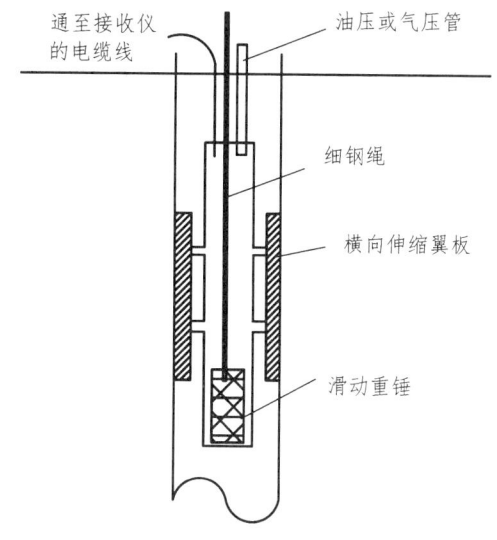

图 2.33　孔内激发装置结构图

2. 试验步骤

（1）钻孔中测点位置布置：孔中遇到软硬地层交界面时，应布置在硬地层中，以免误测到折射波，而不是直达波。近地表的测点宜布置在 0.4 倍孔距的深度处，其余测点深度间距宜为 1~2 m。

（2）钻孔壁应光滑，钻孔应垂直，当孔深超过 15 m 时，应对孔的倾斜度及倾斜方位进行量测，否则波速误差很大。精确测出两孔间间距，钻孔间距一般以 4~5 m 为宜。

（3）剪切锤与检波器分别放入两孔内同一深度（且为同一土层），分别加压使激发器翼板伸出和检波器气囊鼓胀，迫使激发、接收装置紧贴孔壁。

（4）试验时将剪切锤内滑动重锤快速上拉（或自由下落），冲击剪切锤翼板与孔壁土层产生垂向剪切波，使另一孔内检波器接收到垂向剪切波，地面示波器应接收到 3 次清晰波形信号为止，并进行记录。或采取快速上拉（正向冲击），自由下落（反向冲击），获得正、反向剪切波形。

（5）卸压，松开剪切锤和检波器，作下一测点试验。

3. 试验数据处理

（1）确定剪切波到达起始位置，如图 2.34 所示，可采用正、反向剪切波形重叠方式确定。

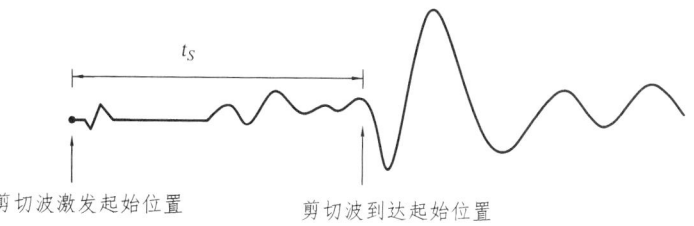

图 2.34　跨孔法实测波形

(2)计算v_S，如式（2.55）所示：

$$v_S = \frac{l}{t_S} \quad (2.55)$$

式中　v_S——剪切波速（m/s）；
　　　l——两平行钻孔间间距（m）；
　　　t_S——剪切波自激发点起始位置与剪切波到达起始位置之间的走时（s）。

4. 试验成果应用

具体应用与单孔法同。

2.7 室内土工试验

2.7.1 基本规定

（1）岩土性质的室内试验项目和试验方法的确定应符合本章的规定；其具体操作和试验仪器应符合现行国家标准《土工试验方法标准》和国家有关岩土试验方法的规定。岩土工程评价时所选用的参数值，宜与相应的原位测试成果或原型观测反分析成果比较，经修正后确定。

（2）试验项目及试验方法，应根据工程和岩土性质的特点确定。当需要时应考虑岩土的原位应力场和应力史，工程活动引起的新应力场和新边界条件，使试验条件尽可能接近实际；并应注意土的非均质性、非等向性和不连续性以及由此产生的岩土体与岩土试验在工程性状上的差别。

（3）对特种试验项目，应制定专门的试验方案。

2.7.2 土的物理性质试验

1. 颗粒分析

试验方法：筛析法、比重计法。

试验目的：测定不同颗粒组在土体的百分含量。

2. 土的密度试验

试验方法：环刀法、蜡封法。

试验目的：测定单位土的质量。

单位土质量ρ（密度）用式（2.56）计算：

$$\rho = W_1 / [(W_2 - W_3)/\rho_{Wt} - (W_2 - W_1)/\rho_n] \quad (2.56)$$

式中　ρ_{wt}——蒸馏水在 $t(℃)$ 时的密度（g/cm³）;
　　　ρ_n——蜡的密度，（g/cm³）（$\rho_n = 0.92$）。

3. 土的含水率试验

试验方法：烘干法。

试验目的：测定土中水分质量与固体颗粒质量的比例。

w 为土中水分质量与固体颗粒质量比例，按式（2.57）计算：

$$w = (M_2 - M_1)/(M_1 - M) \times 100\% \tag{2.57}$$

4. 土的液限（w_L）、塑限（w_P）试验

液限（w_L）：由流动状态转向塑性状态时的界限含水量，即保持塑性状态的最高含水量称为液限。

塑限（w_P）：由塑性状态过渡到半固体状态时的界限含水量，即保持塑性状态的最低含水量称为塑限。

圆锥仪法、搓条法；测定土的界线含水率。

土的塑限指数（I_P）、液限指数（I_L）按式（2.58）、式（2.59）计算。

$$I_P = w_L - w_P \tag{2.58}$$

$$I_L = (w - w_P)/I_P \tag{2.59}$$

式中　M——空盒的质量（g）;
　　　M_2——盒加湿样的质量（g）;
　　　M_1——盒加干样的质量（g）。

5. 击实试验

试验方法：标准击实法、简易击实法。

试验目的：测定干密度（ρ_d）与含水量（w）关系，确定最大干密度、最优含水率。

2.7.3　土的力学性质试验

1. 土的压缩变形试验

分为常规法和快速压缩试验两种。

（1）校正后的总变形量：对于快速压缩试验，应按式（2.60）校正各级荷载下的总变形：

$$\sum \Delta h_i = h_{iT} \frac{h_{iT}}{h_{nt}} = K h_{it} \tag{2.60}$$

式中　$\sum \Delta h_i$——某级荷载下校正后的总质量（mm）；

　　　h_{it}——某级荷载下压缩1h的总变形量减去该荷载下仪器的变形量（mm）；

　　　h_{nt}——最后一级荷载下压缩1h的总变形量减去荷载下的仪器变形量（mm）；

　　　h_{nT}——最后一级荷载下变形结束后总变形量减去荷载下的仪器变形量（mm）；

　　　K——校正系数。

（2）初始孔隙比：

$$e_0 = p_s(1+0.01w_0)/\rho_0 - 1 \tag{2.61}$$

（3）各级荷载下的单位沉降量：

$$S_i = \sum(\Delta h_i/h_0)\cdot 1\,000,\ (\text{mm}/\text{m}) \tag{2.62}$$

（4）各级荷载下压缩终止后的孔隙比：

$$e_i = e_0 - (1+e_0)S_i/1\,000 \tag{2.63}$$

（5）某一荷载范围内的压缩系数：

$$a = (e_i - e_{i+1})/(P_{i+1} - P_i) \tag{2.64}$$

（6）某一荷载范围内的压缩模量：

$$E_s = (P_{i+1} - P_i)/[(S_{i+1} - S_i)\cdot 1\,000] \tag{2.65}$$

式中　ρ_s——土粒密度（g/cm³）；

　　　w_0——初始含水率（%）；

　　　ρ_0——初始密度（g/cm³）；

　　　$\sum \Delta h_i$——某级荷载下校正后的总变形量（mm）；

　　　h_0——试验初始高度（mm）；

　　　P_i——某级荷载值（kg/cm³）。

以单位沉降量 S 或孔隙比 e 为纵坐标，压力 P 为横坐标，绘制单位沉降量或孔隙比与压力的关系曲线。

2. 土的直接剪切试验

在不同的法向应力作用下，施加剪切力，求得破坏时的最大剪切力 τ。根据 τ-p 曲线，确定土的抗剪强度参数：内摩擦角（φ）、黏聚力（c）。

试验仪器：应变控制式、应力控制式直剪仪。

试验方法：快剪、固结快剪、慢剪。

按式（2.66）、式（2.67）计算应变式直剪应变及剪位移：

$$\tau = CR \qquad (2.66)$$

$$r = 20n - R \qquad (2.67)$$

式中 τ——剪应力（kg/cm³）；

C——量力环率定系数（kPa/0.01 mm）；

r——剪切位移（0.01 mm）；

n——手轮转数；

R——量力环读数（0.01 mm）。

以抗剪强度为纵坐标，法向应力为横坐标，绘制 τ-P 关系曲线。根据各点连一直线，该直线倾角为土的内摩擦角（φ），直线在纵坐标轴上的截距为土的黏聚力（c）。

2.8 地下水调查

2.8.1 调查内容

（1）评价水、土对素混凝土、钢筋混凝土结构的腐蚀性，应调查下列内容：

① 场地气候条件，或干燥度指数 K 值。

② 场地的冰冻区，应根据月平均温度确定，当月平均温度大于 0 °C 时为不冻区；–4~–0 °C 时为微冻区，–8~–4 °C 为冰冻区；小于 –8 °C 为严重冰冻区。

③ 场地标准冻深和地面下水冰的温度梯度。

④ 场地地层的透水层，分为强透水层和弱透水层。

⑤ 场地的海拔高度。

（2）评价水、土对钢结构的腐蚀性，应调查下列内容：

① 土质类别的野外鉴别。

② 土层剖面均匀性、密实度、干湿度、通气性的定性描述。

③ 土的硫酸物反应和碳酸盐反应检验。

2.8.2 取样和测试项目

（1）水、土腐蚀性的测试，应按下列规定取样：

① 混凝土或钢结构处于地下水位以下时，应取土样和地下水水样，并应分别作土、水腐蚀性测试。

② 混凝土或钢结构处于地下水位以上时，应取土样做土的腐蚀性测试。

③ 混凝土或钢结构处于地表水中时，应取地表水做水的腐蚀性测试。

（2）水、土腐蚀性测试项目应符合表 2.51 和表 2.52 的规定。

表 2.51 水的腐蚀性测试方法表

序号	测试类别（水的化学分析）	测试项目	测试方法
1	对混凝土结构的腐蚀性测试	pH	电位法
2		N_a^+、K^+	差减法
3		NH_4^+	纳氏试剂比色法
4		C_a^{2+}	EDTA 容量法
5		M_g^{2+}	EADTA 容量法
6		Cl^-	摩尔法
7		SO_4^{2-}	EDTA 容量法
8		HCO_3^-	酸滴定法
9		CO_3^{2-}	酸滴定法
10		OH^-	酸滴定法
11		NO_3^-	水杨酸比色法
12		侵蚀性 CO_2	盖耶尔法
13		游离 CO_2	碱滴定法
14		总矿化度	质量法
15	水对钢筋混凝土结构中钢筋的腐蚀性测试	Cl^-	摩尔法
16		SO_4^{2-}	EDTA 容量法
17	水对钢结构的腐蚀性测试	pH	电位法
18		Cl^-	摩尔法
19		SO_4^{2-}	EDTA 容量法

注：① 序号 9 与 10 两项，根据酚酞碱度和甲基橙碱度不大时，应用两者结果计算。
② 序号 13，当无条件取到侵蚀性 CO_2 水样时，可不进行测试。

表 2.52 土的腐蚀性测试方法表

序号	测试类别	测试项目	方法
1		N_a^+、K^+	差减法
2		NH_4^+	纳氏试剂比色法
3		C_a^{2+}	EDTA 容量法
4		M_g^{2-}	EADTA 容量法
5	土对混凝土结构的腐蚀性测试	Cl^-	摩尔法

续表 2.52

序号	测试类别	测试项目	方法
6	（土的易溶盐分析）	SO_4^{2-}	EDTA 容量法
7		HCO_3^-	酸滴定法
8		CO_3^{2-}	酸滴定法
9		OH^-	酸滴定法
10		NO_3^-	水杨酸比色法
11		总含盐量	质量法
12	土对钢筋混凝土结构中钢筋的腐蚀性试验（土的易溶盐分析）	Cl^-	摩尔法
13		SO_4^{2-}	EDTA 容量法
14	原位测试	pH	锥形电极法
15		氧化还原电位	铂电极法
16		极化曲线	两电极恒电流法
17		电阻率	交流四级法
18	室内扰动土测试	质量损失	管灌法

注：① 序号 8 和 9 两项，根据酚酞碱度和甲基橙碱度不大时，应用两者结果计算。
② 序号 14、15、16 三项，当无条件进行原位测试时，宜作原位测试。
③ 土的易溶盐全量分析和水浸出采用土水位 1:5。

2.8.3 地下水参数测定

1. 基本规定

（1）岩土工程勘察中，凡遇含水地层均应测定地下水位。可在钻孔或探井内直接测量初见水位和静止水位。

（2）静止水中的测量应有一定的稳定时间，其稳定性时间按含水地层的渗透性确定，需要时宜在勘察结束后统一测量静止水位。

（3）当采用泥浆钻进时，测水位前应将测水管打入地层 20 cm 或洗孔后测量。

（4）对多层含水层的水位测量，必要时应采用去止水措施，使测量水层与其他水层隔开。

（5）测量读数至 cm，误差不得大于 3 cm。

2. 地下水流速及流量测定

测定地下水流向宜采用几何法，在场地内不应少于 3 个钻孔，孔距按岩土渗透性、水力梯度、地形坡度确定，一般为 50~100 m。应同时测量各孔内水位，用等水位线的垂线确定流向。

地下水流速测定宜采用指示剂法或充电法。

3. 注水、抽水和压水试验

（1）注水试验可在试坑中或钻孔中进行。对毛细管作用不大的砂土和粉土，宜采用试坑法或单环法；对黏性土宜采用双坑双环法；对于试验深度较大或无地下水的各类岩土宜采用钻孔法。

（2）抽水试验应符合下列规定：

① 抽水试验方法可按表 2.53 的规定选用。

表 2.53　抽水试验方法规定表

方　法	应用范围
钻井或钻孔简易抽水	粗略估算弱透水层的渗透系数
不带观测孔抽水	初步判断含水层的渗透系数
带观测孔抽水	能较准确地求得含水层的各项参数

② 抽水试验宜进行 3 次降深，最大降深应接近工程设计所需的地下水位标高。

③ 水位测量应采用同一方法和仪器，其精度对抽水孔为 cm，对观测孔为 mm。

④ 稳定标准为抽水流量和动水位与时间的关系曲线在一定范围内波动，而没有持续上升和下降。

⑤ 抽水结束后宜测量恢复水位。

（3）压水试验应符合下列规定：

① 压水试验孔位，应根据工程地质测绘和钻孔资料，并结合工程类型、特点确定。

② 压水试验应按岩层的不同特性划分试验阶段，试验段的长度宜为 5～10 m。

③ 按需要确定试验的起始压力、最大压力、压力级数。

④ 每 10 min 记录一次压入水量，当连续 4 次记录的最大值或最小值与最终值之差分别小于最终值的 5%时，其值即为该级压力下的最终压入水量。

⑤ 压力应由小到大逐级加载，达到最大压力后再由大到小逐级减小到起始压力，并及时绘制压力与压入水量的相关图。

4. 毛细水及孔隙水压力测定

（1）毛细水及孔隙水压力测定方法对黏土、粉土可采用试坑直接观测塑限含水量法；对砂土可采用最大分子含水量法。

（2）孔隙水压力的测定应符合下列规定：

① 孔隙水压力的测定方法可按规范确定。

② 孔隙水压力测试点应根据地层岩性、工程性质和基础形式进行布置。

③ 测压计的安装埋设要符合有关安装技术规定。

④ 现场测试的数据应及时进行分析整理，出现异常时应找出原因，并采取相关措施。

第 3 章　地基岩土工程评价与计算

3.1　地基岩土力学试验参数的数理统计分析

地基试验数据数理统计的目的在于，取得既具有代表性又有一定可靠度的岩土参数，以作为地基评价与基础设计的计算依据。

3.1.1　划分统计单元体和统计图表

（1）首先按地貌单元、地层层位、成因类型、岩性和堆积年代等对岩石划分工程地质单元。

（2）对各单元体的实验数据，逐一核查校对，对某些离散性明显的异常进行复查或将其舍弃。异常数据的舍弃可用 3 倍标准差方法或用 Grubbs 准则判别。

（3）每一单元中，土的物理力学性质指标应基本相同。试验数值所表现出来的离散性只能是由于土质不均匀或试验误差等随机因素所造成的。野外鉴别时划分为两层土，但指标比较接近，经过差异显著性检验，若其平均值间无明显差异时，才可作为一个力学层合并一个统计单元。

（4）将同一单元的试验数据编制成统计表。当统计的指标数据较多时，可进行分区段统计，即将试验数据的变化范围分成间隔相等的若干区段，编制区段频数或区段频数统计表。必要时，可绘制频数或频率直方图。

3.1.2　试验数据平均值的计算

1. 算数平均值

设 x_1、x_2、$\cdots$、x_n 为各个单个试验指标值，N 代表试验指标的总数，则算数平均值 $\bar{x}$ 按式（3.1）计算：

$$\bar{x} = \frac{x_1 + x_2 + \cdots + x_n}{n} = \frac{\sum_{i=1}^{n} x_i}{N} \tag{3.1}$$

当分区段统计时，$\bar{x}$ 按式（3.2）计算：

$$\frac{\sum_{i=1}^{n} x_i}{N} = \sum_{i=1}^{n} p_i \bar{x}_i \tag{3.2}$$

2. 加权平均值

在统计计算中，有时由于各数据的精度不同或其他原因，对试验数据各赋有不同的权，这种平均值称为加权平均值，按式（3.3）计算：

$$\bar{x} = \frac{W_1 x_1 + W_2 x_2 + \cdots + W_n x_n}{W_1 + W_2 + \cdots W_n} = \frac{\sum W_i x_i}{\sum W_i} \tag{3.3}$$

式中　x_1、x_2、$\cdots$、x_n——各个试验数据值；

　　　W_1、W_2、$\cdots$、W_n——各个试验数据值的对应权重。

3.1.3 标准差与变异系数

1. 标准差和均方差

标准差和均方差都是表示数据离散性的特征值，标准差用 S 表示，均方差用 σ 表示，如式（3.4）、式（3.5）所示。

$$S = \sqrt{\frac{1}{n-1}\left[\sum_{i=1}^{n} x_i^2 - \frac{1}{n}\left(\sum_{i=1}^{n} x_i\right)^2\right]} \tag{3.4}$$

$$\sigma = S\sqrt{\frac{n-1}{n}} \tag{3.5}$$

式中　x_i——岩土的物理力学指标数据；

　　　n——该单元参加统计的数据个数。

S 和 σ 都可用带有统计功能（STAT）的计算器直接算得。

2. 变异系数

变异系数是表示数据变异性的特征值，用 δ（或 C_v）表示，如式（3.6）所示。

$$\delta = \frac{S}{\bar{x}} \tag{3.6}$$

变异系数 δ 是无量纲系数，使用上比较方便，在国际上是一个通用的指标。Ingles 报导和建议的系数如表 3.1 所示。国内一些成果如表 3.2 所示。

表 3.1　Ingles 建议的变异系数

岩土参数		报道的范围	建议的标准	岩土参数	报道的范围	建议的标准
内摩擦角 φ	砂土	0.05～0.15	0.10	塑　限	0.09～0.29	0.10
	黏土	0.12～0.56				

续表 3.1

岩土参数	报道的范围	建议的标准	岩土参数	报道的范围	建议的标准
黏聚力 c（不排水）	0.20~0.50	0.30	标准贯入试验	0.27~0.85	0.30
压缩性	0.18~0.73	0.30	无侧限抗压强度	0.06~1.00	0.40
固结系数	0.25~1.00	0.50	孔隙度	0.13~0.42	0.25
弹性模量	0.02~0.42	0.30	重度	0.01~0.10	0.03
液限	0.02~0.48	0.10	黏粒含量	0.09~0.70	0.25

表 3.2 我国建议的变异系数

地区	土类	γ 的变异系数	E_s 的变异系数	φ 的变异系数	c 的变异系数
上海	淤泥质黏土	0.017~0.020	0.044~0.213	0.206~0.308	0.049~0.089
	淤泥质亚黏土	0.019~0.023	0.166~0.178	0.197~0.424	0.162~0.245
	暗绿色亚黏土	0.015~0.031		0.097~0.268	0.333~0.646
江苏	黏土	0.005~0.033	0.177~0.257	0.164~0.370	0.156~0.290
	亚黏土	0.014~0.030	0.122~0.300	0.100~0.360	0.160~0.550
安徽	黏土	0.020~0.034	0.017~0.500	0.140~0.168	0.280~0.300
河南	亚黏土	0.015~0.018	0.166~0.469		
	粉土	0.017~0.044	0.209~0.417		

Meyerhof 提出了划分变异性等级的方案，并根据等级建立了各类设计参数分项安全系数的数值，如表 3.3 所示。

表 3.3 变异性等级

变异等级	荷载	参数	分项安全系数（90%可靠性）
<0.1 很低	死荷载 静水压力	重度	<1.1
0.1~0.2 低	孔隙水压力	砂土的指示指标 内摩擦角	1.1~1.3
0.2~0.3 中等	活荷载 环境荷载	黏土的指示指标 黏聚力	1.3~1.6
0.3~0.4 高		压缩性、固结系数、贯入阻力	>1.6
>0.4 很高		渗透性	

3.1.4 最少试验数量的确定

考虑到试样的不均匀性和实验误差的所造成的实验数据离散性，以及不同等级的岩土工程对岩土计算参数的可靠度的不同要求，有必要确定最少试验数量来保证达到预定的要求。

确定最少试验数量的规定或方法有：

（1）《建筑地基基础设计规范》和《港口工程技术规范》规定：以物理力学指标确定地基承载力标准值时，参加统计的样本数不宜少于6个。

（2）按概率方法确定：

① 最少试验数量 n 可由式（3.7）确定：

$$n = \left(\frac{\delta}{\Delta r} \cdot t_p\right)^2 \tag{3.7}$$

式中 δ——指标的变异系数。

Δr——容许相对误差：

$$\Delta r = \frac{\Delta}{\overline{x}} \tag{3.8}$$

其中 Δ——容许绝对误差；

t_p——t 分布的系数值，与置信水平 p 和自由度（$n-1$）有关。

实际应用此式时，可将该式改为：

$$\frac{t_p}{\sqrt{n}} = \frac{\Delta r}{\delta} \tag{3.9}$$

先根据已给出的 δ、Δr 值，可算得 $t_p/\sqrt{n}$ 值，再按照置信水平 p 查表3.4即可得 n。

表3.4 据 $t_p/\sqrt{n} = \Delta r/\delta$ 置信水平 p 的 n 值表

n	$\Delta r/\delta$ 置信水平 p			n	$\Delta r/\delta$ 置信水平 p		
	0.99	0.95	0.90		0.99	0.95	0.90
1	45.012	8.984	4.465	18	0.683	0.479	0.410
2	5.730	2.484	1.686	19	0.660	0.482	0.398
3	2.291	1.591	1.177	20	0.640	0.468	0.387
4	2.059	1.241	0.953	21	0.621	0.455	0.376
5	1.646	1.050	0.823	22	0.604	0.443	0.367
6	1.401	0.925	0.734	23	0.587	0.432	0.358
7	1.237	0.836	0.670	24	0.73	0.422	0.350
8	1.118	0.769	0.620	25	0.559	0.413	0.342
9	1.028	0.715	0.580	26	0.547	0.404	0.335
10	0.955	0.672	0.546	27	0.535	0.396	0.328
11	0.897	0.635	0.518	28	0.524	0.388	0.322
12	0.847	0.604	0.494	29	0.513	0.380	0.316
13	0.805	0.577	0.473	30	0.503	0.373	0.310
14	0.769	0.554	0.455	40	0.428	0.315	0.267
15	0.737	0.533	0.438	60	0.344	0.256	0.216
16	0.708	0.514	0.425	120	0.239	0.180	0.151

② 建议的 p、δ、Δr 值：

a. 置信水平 p 可根据勘察阶段和岩土工程等级参照表 3.5 确定。

b. 土的物理力学性质指标的变异系数 δ 因不同地区、不同土类而异。一般应根据已有经验确定。

c. 容许相对 Δr 可按照表 3.6 确定。

表 3.5 建议的置信水平 p 值表

勘察阶段	岩土工程等级	置信水平 p
初　勘		0.90
详　勘	一级	0.99
	二级	0.95
	三级	0.90

注：对特别重要的岩土工程，置信水平可另行确定。

表 3.6 容许相对误差 Δr 建议值表

指　标	容许相对误差 Δr
物理性质	0.10
力学强度	0.10
变形性质	0.30

3.1.5 岩土参数的选定

1. 基本要求

岩土参数应根据工程特点和地质条件选用，并按下列内容评价其可靠性和适用性。

（1）取样方法和其他因素对试验结果的影响。

（2）采用的试验方法和取值标准。

（3）不同测试方法所得的结果的分析比较。

（4）测试结果的离散程度。

（5）测试方法与计算模型的配套性。

2. 可靠性估计的理论基础

1）分位值

（1）定义：与随机变量分布函数某一概率相应的值称为分位值。

根据数理统计原理，对于标准正态随机量 $x \sim N(0,1)$，若 $p\{u \geqslant u_\alpha\} = \alpha (0 < \alpha < 1)$，则称 u_α 为标准正态分布的上侧分位值，如图 3.1 所示。

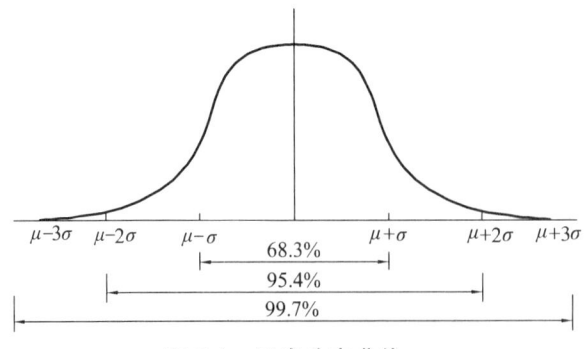

图 3.1　正态分布曲线

由标准正态分布的对称性可知，若有 $p\{|u|>u_{\alpha/2}\}=\alpha$，则称 $u_{\alpha/2}$ 为标准正态分布的双侧分位值。

（2）抽样分布的分位值。

对于正态母体来说，最常用的抽样分布函数主要有以下三种：

① χ^2 分布：若 $x \sim N(0,1)$，$x_1, x_2, \cdots, x_n$ 为 x 的一个样本，记 $\chi^2 = x_1^2 + x_2^2 + \cdots + x_n^2$，则称 χ^2 为服从自由度为 n 的 χ^2 分布，记为 $\chi^2 \sim \chi^2(n)$。

② t 分布：若 $x \sim N(0,1)$，$y \sim \chi^2(n)$ 并且 x 和 y 互相独立，则称随机变量 $t = \dfrac{x}{\sqrt{y/n}}$ 服从自由度为 n 的 t 分布。

③ F 分布：若 $x \sim \chi(n_1), y \sim \chi(n_2)$，并且 x 和 y 相互独立，则称随机变量 $F = \dfrac{x/n_1}{x/n_2}$ 服从自由度为 (n_1, n_2) 的 F 分布，记为 $F \sim F(n_1, n_2)$。

从分位值的定义，可以导出 χ^2、F 分布的上侧分位值以及 t 分布的上侧分位值和双侧分位值。

2）区间估计

（1）基本概念。

参数的区间估计就是由子样给出参数估计范围，并使未知参数在其中具有特定的概率。

（2）区间估计。

设母体 x 的分布函数是 $F(x, Q)$，其中 Q 是未知参数。从母体中抽取子样 $(x_1, x_2 \cdots, x_n)$，作统计量 $Q_1(x_1, x_2 \cdots x_n)$ 和 $Q_2(x_1, x_2 \cdots x_n)$ 使

$$P(Q_1 < Q < Q_2) = 1 - \alpha$$

就是参数的区间估计。其中 (Q_1, Q_2) 称为 Q 的置信区间，Q_1 和 Q_2 分别称为置信下限和置信上限，$1-\alpha$ 称为置信水平。

对方差未知的正态母体平均数进行区间估计时，如为小子样 $(n<50)$，则是利用子样标准差 S 代替母体标准差 σ 进行估计，此时子样分布服从自由度为 $n-1$ 的 t 分布，按区间估计理论其置信区间是：

$$\left[\bar{x}-t_{\frac{\alpha}{2}}(n-1)\frac{S}{\sqrt{n}},\bar{x}+t_{\frac{\alpha}{2}}(n-1)\frac{S}{\sqrt{n}}\right] \tag{3.10}$$

(3)可靠度与失效概率。

在上述区间估计中，置信概率$1-\alpha$表示参数在置信区间(Q_1,Q_2)中的可靠程度，称为可靠度。α表示参数落在区间(Q_1,Q_2)外的概率，称之为失效概率。

3）岩土参数的可靠性的估值

(1) 岩土参数的标准值。

岩土参数的标准值是岩土工程设计的基本代表值，是岩土参数的可靠性估值。由于岩土参数的特征，它是在区间估计理论基础上得到的关于参数母体平均置信区间的单侧置信界限值。

① 理论公式。

$$\phi_k = \phi_m \pm t_a \sigma_m = \phi_m(1 \pm t_a \delta) = \gamma_s \cdot \phi_m \tag{3.11}$$

$$\gamma_s = 1 \pm t_a \cdot \delta \tag{3.12}$$

式中　σ_m——场地的空间均值标准差。

式中正负号按不利组合考虑，采用置信上限时为正号，置信下限时为负号。

a. 随机场理论。

$$\sigma_m = \Gamma(L)\sigma_f \tag{3.13}$$

式中　$\Gamma(L)$——标准折减系数。
　　　σ_f——子样标准差。

$$\Gamma(L) = \sqrt{\frac{\delta_e}{h}} \tag{3.14}$$

其中　δ_e——相关距离（m）；
　　　h——计算空间的范围（m）。

考虑到随机场理论方法尚未完全实用化，可采用下面的近似公式计算标准差折减系数：

$$\Gamma(L) = \frac{1}{\sqrt{n}} \tag{3.15}$$

将公式（3.13）和（3.14）带到（3.15）中得到下式：

$$\gamma_s = 1 \pm t_a \cdot \Gamma(L) \cdot \delta = 1 \pm \frac{t_a}{\sqrt{n}}\delta \tag{3.16}$$

b. 数理统计理论。

根据前述，对于岩土参数的单侧置信估计时，按数理统计理论，有：

$$\phi_k = \phi_m \pm t_a \cdot \sigma_m = \phi_m \pm t_a \cdot \frac{\sigma_f}{\sqrt{n}}\phi_m\left[1 \pm \frac{t_a}{\sqrt{n}}\right]\delta \tag{3.17}$$

可见，随机场理论的近似结果实际上就是数理统计的区间估计的结果。

上面式子中的 t_a 为 t 分布函数单侧置信区间的系数值，可根据风险概率 α（或置信概率 p）和自由度 $(n-1)$ 查表 3.7 获得。

表 3.7　t 分布的半侧置信区间 t_a 系数表

自由度 $n-1$	风险概率 α				
	0.10	0.05	0.025	0.01	0.005
	置信概率 p				
	0.90	0.95	0.975	0.99	0.995
1	3.07	6.31	12.71	31.82	63.66
2	1.89	2.92	4.30	6.97	9.93
3	1.64	2.35	1.18	4.54	5.84
4	1.53	2.13	2.78	3.75	24.60
5	1.48	2.02	2.57	3.37	4.03
6	1.44	1.94	2.45	1.14	3.70
7	1.42	1.90	2.37	3.00	3.50
8	1.40	1.86	2.30	2.90	3.36
9	1.38	1.83	2.26	2.82	3.25
10	1.37	1.81	2.23	2.76	1.17
11	1.36	1.80	2.20	2.72	1.11
12	1.36	1.78	2.18	2.68	3.06
13	1.35	1.77	2.16	2.65	3.01
14	1.35	1.76	2.14	2.62	2.98
15	1.34	1.75	2.13	2.60	2.95
16	1.34	1.75	2.12	2.58	2.92
17	1.33	1.74	2.11	2.57	2.90
18	1.33	1.73	2.10	2.55	2.88
19	1.33	1.72	2.09	2.54	2.86
20	1.33	1.72	2.09	2.53	2.85
21	1.32	1.72	2.08	2.52	2.83
22	1.32	1.72	2.07	2.51	2.82
23	1.32	1.71	2.07	2.50	2.81
24	1.32	1.71	2.06	2.49	2.80
25	1.32	1.71	2.06	2.49	2.79
26	1.32	1.71	2.06	2.48	2.78
27	1.31	1.70	2.05	2.47	2.77
28	1.31	1.70	2.05	2.47	2.76
29	1.31	1.70	2.05	2.46	2.76
30	1.31	1.70	2.04	2.46	2.75
31	1.30	1.68	2.02	2.42	2.70
40	1.30	1.67	2.00	2.39	2.66
60	1.30	1.66	1.99	2.37	2.63
80	1.29	1.66	1.98	2.36	2.62
100	1.29	1.66	1.98	2.36	2.62
120	1.28	1.65	1.96	2.33	2.58

② 简化公式。

在岩土工程中，一般取置信概率 p 为 95%。为了应用方便，也避免工程上误用统计学上的过小样本容量（如 $n = 2, 3, 4$ 等），在规范中不宜出现学生氏 t 分布函数的界限值。因此，通过拟合求得下面的近似公式：

$$\gamma_s = 1 \pm \left\{ \frac{1.704}{\sqrt{n}} + \frac{4.678}{n^2} \right\} \delta \tag{3.18}$$

③ 经验法。

在实际工作中，统计修正系数 γ_s，也可按岩土工程问题的类型和重要性，参数的变异性和统计数据的频数，根据经验选用。

（2）岩土参数的设计值。

当需采用分项系数描述设计表达式计算时，岩土参数设计值 ϕ_d 按下式计算。

$$\phi_d = \frac{\phi_k}{\gamma} \tag{3.19}$$

式中　γ——岩土参数的分项系数。

（3）岩土抗剪强度参数的统计。

① 岩土工程地质手册推荐的方法。

土的抗剪强度参数黏聚力 c 和内摩擦角 φ 的平均值和标准差，推荐按最小二乘法统计，直接用试验数据 τ-p 值，一次统计求出每层最佳拟合时的平均值和标准差。

抗剪强度参数，包括内摩擦角平均值，黏聚力平均值，相应的标准差、变异系数，统计修正系数，分别按下列公式计算：

a. 直剪试验。

$$\varphi_m = \arctan\left[\frac{1}{\Delta} \left(n \sum p\tau - \sum p \cdot \sum \tau \right) \right] \tag{3.20}$$

$$c_m = \frac{\sum \tau}{n} - \frac{\sum p}{n} \cdot \tan\varphi_m = \tau_m - p_m \tan\varphi_m \tag{3.21}$$

$$\sigma_\varphi = \frac{180}{\pi} \sigma \sqrt{\frac{n}{\Delta}} \cos^2 \varphi_m \tag{3.22}$$

$$\sigma_c = \sigma \sqrt{\frac{\sum p^2}{\Delta}} \tag{3.23}$$

$$\sigma = \sqrt{\frac{1}{n-2} \sum (p \tan\varphi_m + c_m - \tau)^2} \tag{3.24}$$

$$= \sqrt{\frac{1}{n(n-2)} \left\{ \left[n \sum \tau^2 - \left(\sum \tau\right)^2 \right] - \frac{1}{\Delta} \left[n \sum p\tau - \sum p \cdot \sum \tau \right]^2 \right\}}$$

$$\Delta = n\sum p^2 - \left(\sum p\right)^2 \tag{3.25}$$

$$n = \sum_{j=1}^{n} K_j \tag{3.26}$$

式中 φ_m——内摩擦角平均值（°）；
c_m——黏聚力平均值（kPa）；
σ_φ——内摩擦角标准差（°）；
σ_c——黏聚力标准差（kPa）；
p——垂直压力（kPa），其平均值为 p_m；
τ——水平剪应力（kPa），其平均值为 τ_m；
n——经分组复合后的试件总数，K_j 为每组试件数，m 为组数；
σ——方程的剩余标准差。

b. 三轴试验。

$$\varphi_m = \arcsin\left(\frac{n\sum p\tau - \sum p \cdot \sum \tau}{\Delta}\right) \tag{3.27}$$

$$c_m = \frac{1}{\cos\varphi_m}\left(\tau_m - p_m \sin\varphi_m\right) \tag{3.28}$$

$$\sigma_\varphi = \frac{180}{\pi} \cdot \frac{\sigma}{\cos\varphi_m} \sqrt{\frac{n}{\Delta}} \tag{3.29}$$

$$\sigma_c = \frac{\sigma}{\cos\varphi_m} \sqrt{\frac{\sum p^2}{\Delta}} + c_m \sigma \tan\varphi_m \tag{3.30}$$

$$p = \frac{\sigma_{1f} + \sigma_3}{2} \tag{3.31}$$

$$\tau = \frac{\sigma_{1f} - \sigma_3}{2} \tag{3.32}$$

式中 σ_{1f}——剪切破坏时最大主应力（kPa）；
σ_3——周围压力（kPa）。
其余符号意义同前。

c. 计算变异系数，统计修正系数。

$$\delta_\varphi = \frac{\sigma_\varphi}{\varphi_m} \tag{3.33}$$

$$\delta_c = \frac{\sigma_c}{c_m} \tag{3.34}$$

$$\varphi_K = \psi_\varphi \cdot \varphi_m \tag{3.35}$$

$$c_{Kp} = \psi_c \cdot c_m \quad (3.36)$$

$$\psi_{Kp} = 1 - \left(\frac{1.704}{\sqrt{n}} + \frac{4.680}{n^2}\right)\delta_\varphi \quad (3.37)$$

$$\psi_c = 1 - \left(\frac{1.704}{\sqrt{n}} + \frac{4.680}{n^2}\right)\delta_c \quad (3.38)$$

式中 δ_φ——内摩擦角变异系数；

δ_c——黏聚力变异系数；

ψ_φ——内摩擦角统计修正系数；

ψ_c——黏聚力统计修正系数。

当按式（3.20）、（3.21）、（3.27）、（3.28）计算，出现 $\varphi_m < 0$ 或 $c_m < 0$ 时，试验结果不能采用。

②《建筑地基基础设计规范》（GB 5007—2011）方法。

内摩擦角标准值 φ_k、黏聚力标准值 c_k，可按下列规定计算：

a. 根据室内 n 组三轴压缩试验的结果，按下列公式计算某一土性指标的变异系数、试验平均值和标准差：

$$\delta = \sigma/\mu \quad (3.39)$$

$$\mu = \frac{\sum_{i=1}^{n} u_i}{n} \quad (3.40)$$

$$\sigma = \sqrt{\frac{\sum_{i=1}^{n} \mu_i^2 - n\mu^2}{n-1}} \quad (3.41)$$

式中 δ——变异系数；

μ——试验平均值；

σ——标准差。

b. 按下列公式计算内摩擦角和黏聚力的统计修正系数 ψ_φ、ψ_c：

$$\psi_\varphi = 1 - \left(\frac{1.704}{\sqrt{n}} + \frac{4.680}{n^2}\right)\delta_\varphi \quad (3.42)$$

$$\psi_c = 1 - \left(\frac{1.704}{\sqrt{n}} + \frac{4.680}{n^2}\right)\delta_c \quad (3.43)$$

式中 δ_φ——内摩擦角变异系数；

δ_c——黏聚力变异系数；

ψ_φ——内摩擦角统计修正系数；

ψ_c——黏聚力统计修正系数。

c. 计算 φ_k、c_k。

$$\varphi_k = \psi_\varphi \cdot \varphi_m \tag{3.44}$$

$$c_k = \psi_c \cdot c_m \tag{3.45}$$

式中 φ_m——内摩擦角的试验平均值;

c_m——黏聚力的试验平均值。

3.1.6 岩土工程图的编绘

岩土工程图是综合反映工程建筑场区岩土工程条件,并给予综合评价和预测岩土工程问题的图面资料。它是岩土工程勘察工作(包括测绘、勘探、长期观测、室内外试验等)的综合总结性成果。按一定的比例尺将岩土工程条件的各要素的空间分布变化规律,准确而清晰地表现在图面上,结合建筑需要,根据不同的要求和表达问题的不同,绘制成不同的形式、不同内容、不同性质和不同用途的各种岩土工程图件,提供规划、设计、施工等部门之用。

岩土工程图的内容及其表现形式、编图原则、绘图方法等还很不统一,国内外的相关部门尚在探索。一些国家也编绘了目的不同、格式不一的岩土工程图,但是都还不成熟,更不足以视为典范,只能作为参考。

1. 岩土工程图的特点

岩土工程图是岩土工程测绘、勘探、试验等项工作的综合、总结性的成果。它不像地质图或地貌图那样主要是通过测绘"制"成的,而是以这些图件为基础图,再把通过勘探对地下地质的了解,以及通过试验取得的数据等综合起来"编"成的。它具有以下几个特点:

(1)具有高度综合性和目的性:它高度综合性地反映场区的岩土工程条件;具有明显的目的性和针对性;国土规划利用、农业地质开发、环境岩土工程条件评价及岩土工程问题预测;具体工程场地(如水库、坝区、地基、线路、港口等)的开发利用和评价。

(2)综合汇编性:以地形图、地貌图、地质图、水文地质图、勘探结果、试验结果和长观结果为基础,综合分析归纳后制成的一套图件,附有一系列的说明及文字资料。

(3)实用性:大部分图件为工程施工所利用。

岩土工程图常常是由一整套图组成的,除了最主要的岩土工程平面图之外,还有一系列附件,例如单项因素(水文地质、物理地质现象等)的分析图、附有物理力学指标的岩层综合柱状图、剖面图、切面图、立体投影图等。根据图的比例尺以及工程的特点和要求,还可以编绘一些其他的图作为附件。

2. 岩土工程图的分类

(1)按图的内容划分。

综合图:把图区的岩土工程条件综合反映在图上,并对其进行总评价,但并不分区、比例尺较小。通常情况下应很好地分析和选择有关资料,做到既有系统而又突出重点。

分区图:按岩土工程条件的相近程度和差异,划分为若干区段及亚区等。只有分区代号和分区界限,但没有地质资料但有分区说明表。这种图通常与岩土工程综合图并用,以便互相印证。

综合分区图：图上既有岩土工程资料，又有分区，并对各区建筑物的适宜进行评价。

分析图：图中反映岩土工程条件的某要素，或岩土的某一性质指标的变化规律等。这种图所表示的内容多是对该建筑物具有决定意义；或为分析某一重要岩土工程问题所必需一般作为岩土工程图的附件。

（2）按图的用途分。

通用岩土工程图：是为规划和国土开发服务的小比例尺岩土工程图，区域岩土工程图、环境岩土工程图均属此类。它是为各类建筑服务的，而不是专为某一类建筑服务的。

专用岩土工程图：是为某项专门工程服务的岩土工程图。如：城市岩土工程图、水库岩土工程图、线路岩土工程图、厂址岩土工程图、硐址岩土工程图、港口岩土工程图，等等，它是为某一类建筑服务的，具有专门的性质。所反映的岩土工程条件和作出的评价，都是与该种建筑的要求紧密结合的。这种图适用于各种比例尺，但更多地用于大、中比例尺。故按其比例尺和表示的内容，专用岩土工程图又可分为小、中、大比例尺三种类型：

小比例尺用于某一类建筑的规划阶段，例如城市建筑规划，大、中河流流域规划，铁路线路方案比较等；中等比例尺用于初步设计阶段，在选择建筑地址和设计建筑物配置方式时，这种图能够提供充分的依据和必要的岩土工程评价，使主要建筑物建筑在优良的地基上，并使各附属建筑物配置在合理的位置上；大比例尺主要用于勘探、试验和长期观测成果方面。图上反映的内容精确而细致，划分的岩土单元和地貌形态都是小型的，岩土的物理、水理和力学性质指标，可用等值线表示在图上。据此，可进行岩土工程分区并作出具有定量性质的岩土工程评价。

3. 岩土工程图系

岩土工程图系分为主图系列和附图系列。

主图系列有：岩土工程综合图、岩土工程综合分区图、岩土工程分析图、岩土工程实际材料图。

附图系列有：岩土单元综合柱状图、岩土工程剖面图、立体投影图、平切面图、展示图、功能分区图、岩土工程分区说明表(说明主要岩土工程条件特征、主要岩土工程问题结论、岩土工程评价(适宜性)及岩土工程处理措施)。

4. 岩土工程图的编制原则

在岩土工程图的编制工作中，需要探讨的问题中，突出的是岩土工程制图单元的划分问题和岩土工程分区问题。

岩土工程制图单元的划分问题，实质是在不同用途、不同比例尺的岩土工程图上如何合理地划分岩土单元体，才能既满足工程的需要又不浪费工作量，同时保持图面清晰、简洁。图的比例只与勘察阶段密切相关，图上岩土单元的划分也应与勘察阶段一致。

岩土工程图上常须进行分区，即将图区范围按其岩土工程条件或评价的差异性，划分为不同的区段，绘出分区界线，并对各区段给予命名和代号。不同区段的条件是不相同的，而同一区段之内各处的建筑条件则是相似的，勘察条件也是相似的。

划区时可根据差异性的明显程度和实际资料情况作若干区段的划分，即一级划分出的区还可根据区内岩土工程条件的变化再划分为次一级的区。

在岩土工程图的编制原则上，国外及国内都有不同的意见，但归纳起来，应该在这样的大原则下进行编制：一种是适应于各个部门的、能在规划时都有能用的中、小比例尺区域岩土工程图，即通用岩土工程图；另一种是适用于一定建筑物的专用岩土工程图，比例尺为1：5万，1：2.5万，1：1万，1：5 000，1：1 000甚至更大。

综上所述，岩土工程图的编制原则有以下几点：

（1）充分符合地质规律，既反映岩土工程条件，又便于规划设计人员所理解、阅读；

（2）所有信息都要以与图件比例要求相称的详细程度和精度来反映；

（3）随着比例尺的增大，图上所反映的信息的侧重点，要有所变化，以达到为工程服务为目的；

（4）界限、符号、物理力学性质不宜过多，要简单明了，说明问题；

（5）对综合评价图内各分区的岩土工程条件及岩土工程问题，应划分出适宜区段与不适宜区段，以便设计人员确定合理利用场地和保护地质环境的最优方案。

5. 岩土工程图的内容

岩土工程图所容纳的内容，也就是所反映的岩土工程信息。首先，要取决于图的用途和比例尺(反映勘察阶段)；其次，要看场地岩土工程条件的复杂程度。因此，其内容必然存在差异，但作为岩土工程图总的来讲都应有岩土工程条件的综合表现，并分区进行评价。

总之，岩土工程图要综合反映岩土工程条件信息，划分出各级区段，并对其进行岩土工程分区评价和预测，论证修建各类建(构)筑物的适用性和限制条件。

岩土工程条件表示的内容主要为：

（1）岩土工程条件诸要素。

图上应划分地形形态的等级和地貌单元；应表示出地形起伏，沟谷割切的密度、宽度和深度、斜坡的坡度，山脊，洼地，河谷结构、阶地、夷平面及其等级；岩溶地貌形态类型等；岩土类型单元，性质，厚度变化，尤其是软弱夹层的厚度要注明；主要基岩产状、褶皱及断裂，应在图上用产状符号；有明显活动性的断层应作特别表示。

（2）研究区内存在的主要岩土工程问题（要标注在图上）。

（3）突出对工程建筑有影响的物理地质现象要素及问题。

图上应表示出物理地质现象的类型、形态、发育强度的等级及其活动性。在小比例尺图应当按主要、次要关系，把各种物理地质现象(如滑坡、岩溶、岩堆、泥石流、地震烈度及其分区、风化壳厚度等)表示出来，一般是用符号在其主要发育地带作笼统的表示，发育强度可用符号的个数加以区别，也可用分区的办法标示(分为发育强烈区、中等区、微弱区等)。地震烈度等级、岩石风化壳厚度等，可用符号表示。

（4）水文地质条件和等高线等。

主要应表示出地下水位，井泉位置，隔水层和透水层的分布，岩土含水性，地下水的化学成分及侵蚀性等，可用符号或等值线表示。地形的等高线也要表示出来，以便供勘察设计、施工单位使用。

6. 岩土工程分区

岩土工程图实际上都是分区图,没有必要对区域作一般性的岩土工程分区(如库区坝址区图）。岩土工程分区图总的应该是专门性的，用以解决具体建筑物的设计或经济开发过程中发生的特定岩土工程问题的分区。

1）分区原则

分区的原则如下：

根据设计阶段、比例尺的大小来区划；以建筑物等级作为分区依据；以决定性的地质要素作为分区的标志；以主要岩土工程问题的严重性影响程度作为分区的主要内容；以岩土工程条件的相似性和差异作为分区的准则；以建筑区岩土工程条件评价的差异性作为分区级序的标准；以稳定观点对建筑场地的适宜性作为分区评价的重点。例如，城市规划中，要对建筑适宜性进行分区(适宜的，局部适宜的，不适宜)）；河流利用方案中，要据河谷地质结构进行分区；要对黄土湿陷性的强弱、多年冻土的特性、地震活动性强弱、岩溶化强度渗透性强弱等来分区。

2）具体分区

在进行岩土工程区划时，可根据岩土工程条件差异性的明显程度和实际资料情况，作若干级的划分，即：一级划分出的区还可根据区内岩土工程条件的变化，再划分为次一级的区。

在一幅岩土工程图上，一般做 2～3 级区划，现用的不同区级基本名称，由大到小为：区域—地区—区—地段。有的大比例尺图上，地段还可再划分，称为二级地段。

一个区域可划分为若干个亚区，具体区划的内容见表 3.8。

表 3.8 岩土工程区划的四级描述内容表

分级	一级	二级	三级	四级
定名	区域（region）	地区（area）	区(zone)	地段(locality)
主要地貌单元	大地构造单元	大型地貌	微地貌	地形
比例尺	小比例尺	小比例尺	中比例尺、大比例尺	大比例尺
岩土类型	山区、平原区、丘陵区（全国性的、省的或大流域的区划）	（阶地、台地）岩土综合体（如砂页岩、碎屑岩）	（冲沟、滑坡）岩土类型（如砂岩）	岩土工程性质（如泥质砂岩、砂岩、硬的、软的、中等硬的）

3）分区界限表示方法

分区界限由高级区向低级区，界限由粗到细。

分区的颜色（红、黄、绿）由深到浅；一般是用绿色表示建筑条件最好的区，用黄色表示差一些的区，而条件最差的区则用红色表示。

此外，还可以有效地使用各种颜色的线条、符号、代号、等值线等表示一些内容。如活动性断层可用红线表示，活动性的物理地质现象也可用红色符号表示，井泉及地下等水位线可用蓝色符号和线条表示。

分区代号表示如下：

区域用罗马数字：Ⅰ、Ⅱ、Ⅲ、…；地区用：ⅠA、ⅡB、ⅢC、…；区用：ⅠA1、ⅡB2、ⅢA1、…；地段用：ⅠA1_a、ⅡB2_b、ⅢA1_a、…。

7. 岩土工程图编制的发展趋势

随着世界经济的迅速发展，国土的大规模开发利用，矿山事业的大规模建设，高精尖项目的开发，环境保护的日显重要，岩土工程研究与应用领域的不断扩大和发展。因此，相应的岩土工程图的编图也发生了迅速的变化。这主要表现在：

在编图内容上更广泛，增加了建筑物的限制条件和允许条件，资源评价，地质灾害评价，处理废物——垃圾、核废料、污水等的可能性；建筑物对地质环境的影响。

在岩土工程单元的划分上，主要考虑岩土体的结构、成因、岩性、岩土工程综合体、岩土工程类型；运用与物理力学性质相似数理指标来代表岩土体的性质；岩土工程图指标逐渐由定性向定量化方向发展。

另外，岩土工程图重视了环境地质资料的取得方法，如利用最新手段和技术方法勘察并在岩土工程图上反映不同类型的地质灾害等；注重了岩土工程问题的评价；对于通用岩土工程图与专用岩土工程图的编制原则，有待进一步强化；图例表示、编图规范尚有待统一；计算机编图及程序的开发与应用，已得到了大力发展。

3.2 高层建筑场地稳定性评价

（1）高层建筑场地应该避开浅埋的（埋深不超过 100 m）全新世活动断裂，避开的距离应根据全新世活动断裂的等级、规模和性质、地震基本烈度、覆盖层厚度和工程性质等单独研究确定；高层建筑还应避开正在活动的地裂缝通过地段，避开的距离和应采取的措施可按地区性的有关规定确定。

（2）位于斜坡地段的高层建筑应从以下各点考虑场地稳定性：

① 建筑物不应放在滑坡体上。

② 位于坡顶或岸边的高层建筑应考虑边坡整体稳定性，必要时应验算整体是否有滑动的可能性。

③ 当边坡整体稳定时，还应符合现行《建筑地基基础设计规范》（以下简称《规范》）的规定，验算基础外边缘至坡顶的安全距离。

④ 考虑高层建筑物周围高陡边坡滑塌的可能性，确定建筑物离坡脚的安全距离。

（3）高层建筑场地不应选择在建筑抗震的危险地段，应避开对建筑抗震不利的地段，当无法避开不利地段时，应采取防护治理措施。

（4）在有塌陷可能的地下采空区，或岩溶土洞强烈发育地段，应考虑地基的加固措施，经技术经济分析认为不可取时，应另选场地。

3.3 地基均匀性评价

地基均匀性宜从以下几个方面进行评价并采取相应措施：

（1）当地基持力层面坡度大于10%时，可视为不均匀地基。此时加深基础埋深，使之超过持力层最低的层面深度，当加深基础不可能时，则可采取垫层等措施加以调整。

（2）地基持力层和第一下卧层在基础宽度方向上，地层厚度的差值小于 $0.05b$（b 为基础宽度）时，可视为均匀地基；当大于 $0.05b$ 时，应计算横向倾斜是否满足要求，若不能满足，应采取结构或地基处理措施。

（3）地基的均匀性以压缩层内各土层的压缩模量为评价依据。

① 当 $\bar{E}_{S1}$、$\bar{E}_{S2}$ 的平均值小于 10 MPa 时，符合式（3.46）要求者为均匀地基。

$$\bar{E}_{S1} - \bar{E}_{S2} < \frac{1}{25}(\bar{E}_{S1} + \bar{E}_{S2}) \tag{3.46}$$

② 当 $\bar{E}_{S1}$、$\bar{E}_{S2}$ 的平均值大于 10 MPa 时，符合（3.47）要求者为均匀地基。

$$\bar{E}_{S1} - \bar{E}_{S2} < \frac{1}{20}(\bar{E}_{S1} + \bar{E}_{S2}) \tag{3.47}$$

式中　$\bar{E}_{S1}$、$\bar{E}_{S2}$——基础宽度方向两个钻孔中，压缩层范围内压缩模量按厚度求加权平均值（MPa），取大者为 $\bar{E}_{S1}$，小者为 $\bar{E}_{S2}$。

当不能满足式（3.18）、式（3.19）要求时，属不均匀地基，应进行横向倾斜验算，采取结构或地基处理措施。

3.4　基础的埋置深度

基础的底面埋在设计地面上±0.00 m下的深度，称为基础的埋置深度。在保证基础安全稳定、耐久使用的情况下，尽量浅埋，以节省投资，便于施工。

确定基础的埋置深度，主要考虑以下两方面因素：

1. 上部结构的用途、类型和荷载大小与性质

当建筑物有地下室、地下管沟和设备设施时，要求基础埋深应相应加深；如上部结构对不均匀沉降很敏感，则基础需落在坚实土层上。

通常一级建筑物、甲级工程、高层建筑的基础埋深大，三级建筑物，丙、丁级工程，地层房屋的基础埋深浅。

由于建筑物使用要求或土层性质变化，同一建筑物基础埋深不相同时，应将基础做成台阶逐步过渡，台阶的高度与宽度之比为1∶2。

新建基础靠近原有基础，其埋深一般要求不超过原有基础埋深。两基础之间的净距应大于两基础底面高差的 1~2 倍，以免开挖新基坑时，影响原有基础的安全稳定性。若不满足这一条件，需采取分段施工、支撑或打护坡柱等相应措施。

2. 工程地质与水文地质条件

根据工程地质勘察报告，分析建筑场地土层分布情况与工程性质，应当选择好土作为基

础的持力层。地基土层往往由多层软硬不同的土组成,考虑上部结构荷载大小与各层土的承载力,进行技术、经济比较,确定理想的基础埋深。

若表层土较好,下层土软弱,则尽量浅埋,利用表层好土作为持力层。若表层土弱,下层土坚实,则需具体分析:当软弱土较薄,厚度小于 2 m 时,应将软弱土挖除,将基础置于好土上;若上层软弱土较厚,达 2~4 m 时,低层房屋可采取扩大基底面积,加强上部结构刚度,把基础做在软土上;对于重要建筑物,则把基础置于下层好土上;如上层软弱土很厚,厚度超过 5 m,通常采用人工加固处理或使用桩基。

基础埋深与地下水位的情况有密切关系,通常基础尽量做在地下水位以上,便于施工。如不得已,基础做在地下水位以下,施工时必须要进行基槽排水。

当地基为黏性土、下层卵石中有承压水时,应注意开挖基槽,保留槽底安全厚度 h_0,避免承压水冲破槽底,破坏地基。

图 3.2 表示基槽在黏性土中开挖深 D,黏性土剩余厚度为 h_0,黏性层下为卵石层,具有承压比,承压水位高出卵石层顶面 h。

此时,黏土层底部单位面积上受到承压水的浮托力为 $\gamma_w h$,黏土层底部单位面积上的土压力为 γh_0,若黏土层底面压力小于浮托力,即

$$\gamma h_0 < \gamma_w h \tag{3.48}$$

或

$$h_0 < \frac{\gamma_w h}{\gamma} \tag{3.49}$$

则槽底的黏土层可能被承压土拱起而破坏。因此,在确定基础埋深时,必须满足 $h_0 < \frac{\gamma_w h}{\gamma}$;否则,应当采取人工降低地下水位,以保证槽底安全。

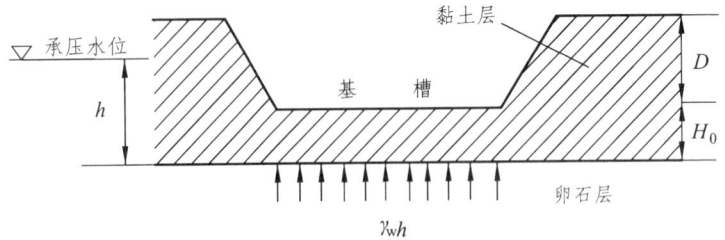

图 3.2 承压水对基底土层的浮托作用

3.5 地基承载力

3.5.1 地基承载力的基本值 f_0

各类地基承受上部荷载的能力都有一定限度,如超过这一限度,则可能因地基变形过大使建筑物开裂,或地基产生强烈破坏而滑动。当地基在同时满足变形和强度时,单位面积所

能承受的最大荷载，称为地基承载力，以 f_0 表示。

不同条件的地基承载力差别极大，如密实卵石可达 800～1 000 kPa 以上；天然含水量为 75% 的淤泥为 40～50 kPa。影响 f_0 值大小的因素有：

（1）土的成分与堆积年代。冲洪积物常比坡积物的 f_0 大，沉积的更小。同类土，堆积年代越久，承载力越高。

（2）土的物理力学性质。如无黏土则密度大，承载力越大；黏性土含水量、孔隙比越大，塑性指数小，则承载力越小。

（3）地下水。地下水埋深浅时不仅地基承载土承受水的浮托力，而且天然含水量也增高，其承载力将降低尤其是雨水湿陷及胀缩的黏性土对承载力的影响更大。

（4）建筑物的性质与基础尺寸。通常建筑物体型简单，整体刚度大，对不均匀沉降适应性好，则承载力可取高值；基础宽度大，埋置深度深，土的承载力相应高。

3.5.2 地基承载力的标准值 f_k

地基承载力的标准值 f_k 由式（3.50）计算：

$$f_k = f_0 \psi_f \tag{3.50}$$

式中　f_k——地基承载力标准值（kPa）。
　　　f_0——地基承载力基本值（kPa）。
　　　ψ_f——回归修正系数：

$$\psi_f = 1 - \left(\frac{2.884}{\sqrt{n}} + \frac{7.918}{n^2}\right)\delta \tag{3.51}$$

$$\delta = \frac{\sigma}{\mu} \tag{3.52}$$

$$\mu = \frac{\sum_{i=1}^{n} \mu_i}{n} \tag{3.53}$$

$$\sigma = \sqrt{\sum_{i=1}^{n} \mu_i^2 - n\mu^2 / n - 1} \tag{3.54}$$

其中　δ——变异系数；
　　　μ——据以查表的某一土性指标试验平均值；
　　　σ——地基承载力标准差；
　　　n——以查表的土性指标参加统计的样本数。

对于用两个指标的地基承载力表，只用综合异变系数 δ：

$$\delta = \delta_1 + \xi\delta_2 \tag{3.55}$$

式中 δ_1——第一指标的变异系数；

δ_2——第二指标的变异系数；

ξ——第二指标的折算系数，见有关承载力表的注。

3.5.3 地基承载力的设计值

当实际工程的宽度 $B>3$ m，埋深 $D>0.5$ m 时，承载力数值比表中所列数值提高，应进行修正。世界各国根据各自经验采用不同的修正公式。我国《规范》采用的公式为：

$$f = f_k + \eta_b \gamma (b-3) + \eta_d \gamma_0 (d-0.5) \tag{3.56}$$

式中 f——地基承载力设计值（kPa）。

f_k——地基承载力标准值（kPa）。

η_b，η_d——基础宽度和埋深的承载力修正系数，如表 3.9 所示。

γ——基底持力层的天然重度，地下水位以下取有效重度 γ'（kN/m³）。

γ_0——基底以上埋深范围土的加权平均重度（kN/m³）；

b——基础底宽（m），$b<3$ m 时按 3 m 计，$b>6$ m 时按 6 m 计。

d——基础埋深，$d<0.5$ m 时按 0.5 m 计。一般基础自室外地面起算，地下室、外墙基础按室内地面起算；填方整平地区，可自填土地面起算，但填土在上部结构施工后完成时，应从天然地面起算。

表 3.9 承载力修正系数

土的类别		η_b	η_d
淤泥和淤泥质土	$f_k<50$ kPa	0	1.0
	$f_k \geq 50$ kPa	0	1.1
人工填土 e 或 I_L 大于等于 0.85 的黏性土 $e \leq 0.85$ 或 $S_r>0.5$ 的粉土		0	1.1
红黏土	含水量 $a_w>0.8$	0	1.2
	含水量 $a_w \leq 0.8$	0.15	1.4
e 及 I_L 均小于 0.85 的黏性土		0.3	1.6
$e<0.85$、$S_r \leq 0.5$ 的粉土		0.5	2.2
粉砂、细砂（不包括很湿与饱和时的稍密状态）		2.0	3.0
中砂、粗砂、砾砂和碎石土		3.0	4.4

注：强化的岩石可参照风化成的相应土类取值。

3.5.4 确定承载力的方法

1. 根据土的物理力学指标或野外鉴别结果确定地基承载力

如表 3.10 ~ 3.16 所示。

2. 根据标准贯入试验锤击数 $N_{63.5}$ 与轻便动力触探试验锤击数 N_{10} 确定承载力

如表 3.17 ~ 3.20 所示。

表 3.10　岩石承载力 f_0（kPa）

岩石类型	风化程度		
	强风化	中等风化	微风化
硬质岩石	150 ~ 500	1 500 ~ 2 500	4 000
软质岩石		550 ~ 1 200	1 500 ~ 2 000

注：对于微风化的硬质岩石，其承载力如果用于大于 4 000 kPa 时，应有工程实践经验。

表 3.11　碎石土承载力 f_0（kPa）

岩石类别	风化程度		
	稍密	中密	密实
卵石	300 ~ 500	500 ~ 800	800 ~ 1000
碎石	250 ~ 400	400 ~ 700	700 ~ 900
圆砾	200 ~ 300	300 ~ 500	500 ~ 700
角砾	200 ~ 250	250 ~ 400	400 ~ 600

注：① 表中数值适用于骨架颗粒全部由中砂、粗砂或硬塑、坚硬状态的黏性土（或稍湿的粉土）所填充。
　　② 当粗颗粒为中等风化或强风化时，可按其风化程度适当降低承载力。当颗粒呈半胶结状态时，可适当提高承载力。

表 3.12　粉土承载力 f_0（kPa）

第一指标孔隙比	第二指标含水量 w（%）						
	10	15	20	25	30	35	40
0.5	410	390	(365)				
0.6	310	300	280	(270)			
0.7	250	240	225	215	(205)		
0.8	200	190	180	170	(165)		
0.9	160	150	145	140	130	(125)	
1.0	130	125	120	115	110	105	(100)

注：① 有括号者仅供内插用。
　　② 折算系数 ξ 为 0。
　　③ 在湖、塘、沟、谷与河漫滩地段，新近沉积的粉土，其工程性质一般较差，应根据当地实践经验取值。

表 3.13 黏性土承载力 f_0（kPa）

第一指标孔隙比 e	第二指标液性指数 I_L					
	0	0.25	0.50	0.75	1.00	1.20
0.5	475	430	390	(360)		
0.6	400	360	325	295	(265)	
0.7	325	295	265	240	210	170
0.8	275	240	220	200	170	135
0.9	230	210	190	170	135	105
1.0	200	180	160	135	115	
1.1		160	135	115	105	

注：① 有括号者仅供内插用。
② 折算系数 ξ 为 0.1。
③ 在湖、塘、沟、谷与河漫滩地段新近沉积的粉土，其工程性质一般较差。第四季晚更新世（Q_3）及其以前沉积的老黏性土，其工程性质通常较好。这些图均应根据当地实践经验取值。

表 3.14 沿海地区淤泥质土承载力 f_0（kPa）

天然含水量 w（%）	36	40	45	50	55	65	75
f_0	100	90	80	70	60	50	40

注：对内陆淤泥和淤泥质土，可参照使用。

表 3.15 红土承载力 f_0（kPa）

	第一指标含水比 $a_\omega = \dfrac{\omega}{\omega_L}$	0.5	0.6	0.7	0.8	0.9	1.0
红黏土	第二指标液塑比 $I_r = \omega_L / \omega_P \leq 1.7$	380	270	210	180	150	140
	第二指标液塑比 $I_r = \omega_L / \omega_P \geq 2.3$	280	200	160	130	110	100
	次生红黏土	250	190	150	130	110	100

注：① 本表仅适用于定义范围的红黏土。
② $I_r = 1.7 \sim 2.3$ 时，内插。
③ 折算系数 ξ 为 0.4。

表 3.16 素填土承载力 f_0

压缩模量 E_{S1-2}/MPa	7	5	4	3	2
f_0/kPa	160	135	115	85	65

注：本表只适用于对天时间超过 10 年的黏性土，以及时间超过五年的粉土。

表 3.17　砂土承载力 f_0（kPa）

土类	N			
	10	15	30	50
中砂、粗砂	180	250	340	500
粉砂、细砂	140	180	250	340

表 3.18　黏性土和粉土承载力 f_0

N	3	5	7	9	11	13	15	17	19	21	23
f_0/kPa	105	145	190	235	280	325	370	430	515	600	680

表 3.19　黏性土与粉土承受力 f_0

轻便触探试验锤击数 N_{10}	15	20	25	30
f_0/kPa	105	145	190	230

表 3.20　素填土承载力 f_0

轻便触探试验锤击数 N_{10}	10	20	30	40
f_0/kPa	85	115	135	160

3. 根据静力触探法 p_s 确定承载力

静力触探具有连续原位测试、快速、可靠的优点，近代发展很快，应用广泛，利用静力触探比贯入阻力 $p_s = P/A$ 值与承载力建立了关系。p_s 与软土和一般黏性土的主要力学指标的关系如表 3.21 所示，p_s 与砂土承载力的关系如表 3.22 所示。

表 3.21　p_s 与软土和一般黏性土的主要力学指标的关系

p_s/MPa	f_0/kPa	E_s/MPa	E_0/MPa
0.3	50～60	2.3	2.3
0.6	80～90	3.5	3.5
0.9	110～120	4.6	6.2
1.2	130～150	5.7	9.2
1.5	160～180	6.8	12.1
1.8	180～210	8.0	15.0
2.1	210～240	9.1	18.0
2.4	240～260	10.2	20.9
2.7	260～290	11.3	23.9
3.0	290～310	12.4	26.8

注：本表适用于黏性土和 $I_p > 7$ 的粉土。

表 3.22 p_s 与砂土的承载力的关系

p_s/MPa	f_0/kPa		p_s/MPa	f_0/kPa	
	中、粗砂	粉、细砂		中、粗砂	粉、细砂
1	40～70		9	350～370	230～240
2	100～120		10	380～400	250～260
3	140～160		11	410～430	270～280
4	180～200		12	440～460	290～300
5	220～240	150～160	13		310～320
6	260～280	170～180	14		330～340
7	290～310	190～200	15		350～360
8	320～340	210～220	16		370～380

4. 根据载荷试验法确定承载力

现场荷载试验方法要求压板宽 $b \geq 50$ cm，试验结果绘制成 $P\text{-}S$ 曲线，如图 3.3 所示。

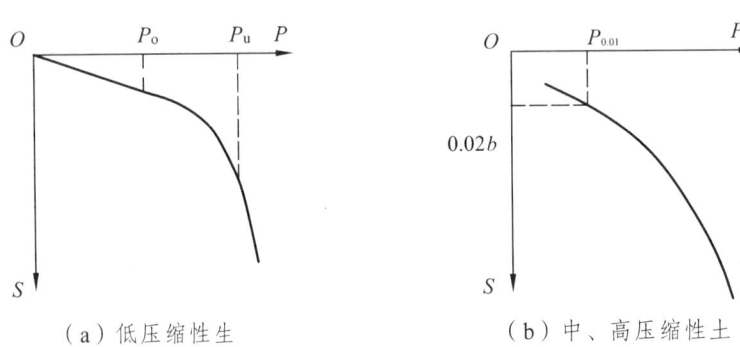

（a）低压缩性土　　　　　　　　（b）中、高压缩性土

图 3.3　荷载试验确定承载力

1）浅层平板载荷试验确定地基土承载力特征值

（1）强度控制法。

① 当 $P\text{-}S$ 曲线上有明显的直线段时，一般采用直线段的终点对应的荷载值为比例界限，取该比例界限所对应的荷载值为承载力特征值。

② 当 $P\text{-}S$ 曲线上无明显的直线段时，可用下述方法确定比例界限：

a. 在某一荷载下，其沉降量超过前一级荷载下沉量的两倍，即 $\Delta s_n > 2\Delta s_{n-1}$ 的点所对应的荷载即为比例界限。

b. 绘制 $\lg p\text{-}\lg s$ 曲线，曲线上的转折点所对应的荷载值即为比例界限。

c. 绘制 $p\text{-}\dfrac{\Delta p}{\Delta s}$ 曲线，曲线上的转折点所对应的荷载值即为比例界限，其中 Δp 为荷载增量，Δs 为相应的沉降量。

当极限荷载小于对应的比例界限的荷载值的 2 倍时，取极限荷载值的一半作为承载力特征值。

（2）相对沉降控制法。

当不能按比例界限和极限荷载确定时，承压板面积为 0.25～0.50 m²，可取 $s/b=0.01$～0.015 所对应的荷载，作为地基土承载力特征值，但其值不应大于最大加载量的 1/2。

同一土层参加统计的试验点不应少于 3 点，当实验实测值的极差不超过平均值的 30%时，取此平均值为该土层的地基承载力特征值 f_{ak}。

2）深层平板荷载试验确定地基土的承载力特征值

（1）强度控制法。

① 当 P-S 曲线上有比例界限时，取该比例界限所对应的荷载值。

② 当满足终止加载条件的前三条之一时，其对应前一级荷载定位极限荷载，当该值小于对应比例界限的荷载值的 2 倍时，取极限荷载的一半。

（2）相对沉降控制法。

当不能按比例界限和极限荷载确定地基土承载力时，可取 $s/d=0.01$～0.015 所对应的荷载值，但其值不应大于最大加载量的 1/2。

同一土层参加统计的试验点不应少于 3 点，当实验实测值的极差不超过平均值的 30%时，取此平均值为该土层的地基承载力特征值 f_{ak}。

根据深层平板荷载试验所确定的地基承载力特征值 f_{ak}，在使用时不再进行基础埋深的地基承载力修正，即基础埋深的地基承载力修正系数取 0。

3）螺旋板载荷试验确定地基土承载力特征值

确定方法同深层平板载荷试验。

4）岩基载荷试验确定地基土承载力特征值

对应于 P-S 曲线上起始直线段的终点为比例界限，符合终止加载条件前两条之一时，其对应的前一级荷载为极限荷载。将极限荷载除以 3 的安全系数，所得值与对应于比例界限的荷载相比较，取小值。

每个场地荷载试验的数量不应少于 3 个，取最小值最为岩石地基持力层的承载力特征值。岩石地基的承载力特征值在应用时不进行宽度修正。

5）当地经验参数法

在拟建场地附近，调查已有建筑物的形式、构造、荷载地基土层情况与采用的承载力数值。对简单场地、中小工程，可以综合分析，参用当地的经验。对中等复杂场地或大中型工程，参用当地的经验可以减少勘查工作量。

3.6 地基强度验算

如图 3.4 所示，基础埋深 D，基底以下深 Z 处存在软弱下卧层，要求作用在软弱下卧层面的全部压实力不超过其承载力，即：

$$\sigma_Z + \sigma_{cZ} \leqslant f \tag{3.57}$$

式中 σ_Z——软弱下卧层顶面附加应力（kPa）；
σ_{cZ}——软弱下卧层顶面自重应力（kPa）；
f——软弱下卧层顶面地基承载力（kPa）。

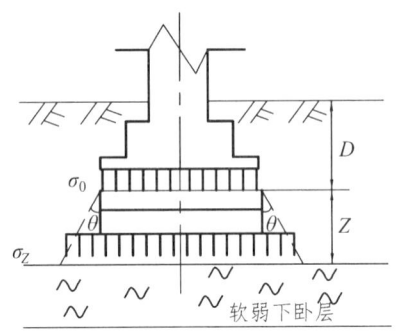

图 3.4 软弱下卧层强度验算

其中附加应力 σ_Z，当上层土与下卧软土压缩模量比 $a \geqslant 3$ 时简化如下：

基底处附加应力 σ_0，按 θ 角向下扩散（应力扩散角 θ 取值见表3.23），至深度 Z 处为 σ_Z。基底处与深度 Z 处两个平面，其附加应力总和相同。

条形基础：

$$\sigma_0 B = \sigma_Z(B + 2Z\tan\theta) \tag{3.58}$$

$$\sigma_Z = \frac{\sigma_0 B}{B + 2Z\tan\theta} \tag{3.59}$$

矩形基础沿两个方向扩散：

$$\sigma_Z = \frac{\sigma_0 LB}{(L + 2Z\tan\theta)(B + 2Z\tan\theta)} \tag{3.60}$$

如计算结果满足公式，表明软弱土层埋藏深，对建筑物安全使用无影响。若不满足公式，则需修改基础尺寸 L、B 和 D，或进行人工加固处理。

表 3.23 地基附加压力扩散角 θ 表（°）

$a = E_{S1}/E_{S2}$	$Z = 0.25B$	$Z \geqslant 0.50B$
3	6	23
5	10	25
10	20	30

3.7 地基变形验算

对于一般工程，地基均匀且无软弱下卧层时，按地基承载力设计可以同时满足地基强度与变形的要求。但对下列建筑物，虽满足地基承载力的要求，但地基变形仍然可能过大，需要进行变形验算。重要的有纪念性意义的建筑物；对不均匀沉降敏感或使用上有特殊要求的建筑物；地基为淤泥、新填土等软弱层或分布不均匀的建筑物；相邻建筑物很近的建筑物。

3.7.1 变形计算的范围

所有建筑物地基均应进行地基承载力计算。一级建筑物和表 3.24 所列范围以外的二级建筑物，还应进行地基变形计算。

变形计算内容包括沉降量、沉降差、倾斜、局部倾斜等。计算变形，要求满足结构控制的容许变形值。若不满足要求，需修改基础尺寸或采取相应措施。

图 3.24 二级建筑物可不作地基变形验算的范围

地基主要受力层情况	地基承载力特征值 f_{ak}/kPa		$60 \leq f_{ak}$ <80	$80 \leq f_{ak}$ <100	$100 \leq f_{ak}$ <130	$130 \leq f_{ak}$ <160	$160 \leq f_{ak}$ <200	$200 \leq f_{ak}$ <300
	各土层坡度/%		≤5	≤5	≤10	≤10	≤10	≤10
建筑类型	砌体承重结构、框架结构（层数）		≤5	≤5	≤5	≤6	≤6	≤7
	单层排架结构（6 m 柱距）	单跨 吊车额定起重量/t	5～10	10～15	15～20	20～30	30～50	50～100
		单跨 厂房跨度/m	≤12	≤18	≤24	≤30	≤30	≤30
		多跨 吊车额定起重量/t	3～5	5～10	10～15	15～20	20～30	30～75
		多跨 厂房跨度/m	≤12	≤18	≤24	≤30	≤30	≤30
	烟囱	高度/m	≤30	≤40	≤50	≤75		≤100
	水塔	高度/m	≤15	≤20	≤30	≤30	≤30	
		容积/m³	≤50	50～100	100～200	200～300	300～500	500～1 000

注：① 地基主要受力层系指条形基础底面下深度为 3 b（b 为基础底面宽度），独立基础下为 1.5 b，厚度均不小于 5 m 的范围（二层以下的民用建筑于除外）。
② 地基主要受力层中如有承载力标准值小于 130 kPa 的土层时，表中砌体承重结构的设计，应符合规范有关规定。
③ 表中砌体结构和框架结构均指民用建筑，对于工业建筑可按厂房高度、荷载情况折合成与其相当的民用建筑层数。
④ 表中额定吊车起重量、烟囱高度和水塔容积的数值均指最大值。

3.7.2 地基沉降变形验算

（1）对于一般黏性土、粉土、饱和黄土和软土可利用下列分层总和法计算最终沉降量：

$$S = \psi_s s' = \psi_s \sum_{i=1}^{n} \frac{p_0}{E_{si}} (Z_i \bar{\alpha}_i - Z_{i-1} \bar{\alpha}_{i-1}) \tag{3.61}$$

式中 S——地基最终沉降量（mm）。

S'——按分层总和法计算出的地基沉降量（mm）。

ψ_s——沉降计算经验系数，有地区经验时，按地区经验确定，无地区经验时，可参照表 3.25 确定。

表 3.25　打基础沉降计算经验系数 ψ_s 参照表

$\overline{E_s}$/MPa	3.0	5.0	7.5	10.0	12.5	15.0	20.0
ψ_s	1.8	1.20	0.80	0.60	0.45	0.35	0.25

A_i——第 i 层土附加应力系数岩土层厚度的积分值。

n——地基变形计算深度范围内所划分的土层数。

p_0——相应于荷载标准值是的基础底面处的附加应力（kPa）。

E_{si}——基础底面下第 i 层土的压缩模量，按土的自重压力至土的自重压力与附加应力之和段取值（MPa）。

Z_i、Z_{i-1}——基础底面至第 i 层和第 $i-1$ 层底面的距离（m）。

$\overline{\alpha}_i$、$\overline{\alpha}_{i-1}$——基础底面计算点至第 i 层和第 $i-1$ 层地面范围内平均附加压力系数。

$\overline{E_s}$——基础底面下压缩层范围内地基综合压缩模量（MPa），按式（3.62）计算。

$$\overline{E_s} = \frac{\sum A_i}{\sum \dfrac{A_i}{E_{si}}} \tag{3.62}$$

地基沉降计算深度 Z_n，应符合式（3.63）要求：

$$\Delta s_n' \leqslant 0.025 \sum_{i=1}^{n} \Delta s_i' \tag{3.63}$$

式中　$\Delta S_i'$——在计算深度范围内，第 i 层土的计算沉降值；

$\Delta S_n'$——在由计算深度向上取厚度为 ΔZ 的土层的计算沉降值，ΔZ 按表 3.26 确定。

表 3.26　ΔZ 值取值表

b/m	$4 < b \leqslant 8$	$8 < b \leqslant 15$	$15 < b \leqslant 30$	$b > 30$
ΔZ/m	0.8	1.0	1.2	1.5

但对开挖面积和深度较大的箱型基础和筏式基础，按式（3.60）计算的最终沉降量，还应考虑基坑开挖引起的回弹再压缩量。

（2）对于一般黏性土、粉土、软土和饱和黄土，当需考虑应力固结历史时，可用地基固结沉降法计算最终沉降量。

① 利用室内固结试验绘制 e-$\log p$ 曲线。

② 根据前期固结压力 p_c 与自重应力 p_z 的比值超固结比（OCR）确定土的固结状态。当 OCR>1 为超固结土，当 OCR≈1 为正常固结土，当 OCR<1 为欠固结土。

超固结土沉降计算分两种情况：

当 $p_{zi} + p_{oi} \leqslant p_{ci}$ 时，用回弹系数 C_e 计算，若地基压缩层深度内有 m 层土属这种情况，则可按式（3.64）计算：

$$s_m = \sum_{i=1}^{m} \frac{h_1}{1+e_{0i}} \left[C_{ei} \log \left(\frac{p_{zi} + p_{0i}}{p_{zi}} \right) \right] \tag{3.64}$$

式中 s_m——m 层范围内的沉降量（mm）；

h_i——第 i 层分层厚度（mm）；

e_{oi}——第 i 层初始孔隙比；

C_{ei}、C_{0i}——分别为第 i 层的回弹指数和压缩指数；

p_{zi}——第 i 层土自重压力平均值（kPa）；

p_{0i}——相应于荷载标准值时第 i 层附加压力平均值（kPa）；

p_{ci}——第 i 土前期固结压力（kPa）。

当 $p_{zi} + p_{0i} > p_{ci}$，分两段考虑，p_c 值以前用 C_e，p_c 值以后用 C_c，若地基压缩层深度内有 n 层土属此情况，则可按式（3.65）计算：

$$s_n = \sum_{i=1}^{n} \frac{h_i}{1+e_{0i}} \left[C_{ei} \log \frac{p_{ci}}{p_{zi}} + C_{ei} \log \left(\frac{p_{ci}+p_{0i}}{p_{ci}} \right) \right] \quad (3.65)$$

式中 S_n——n 层范围内沉降量（mm）。

③ 正常固结土的沉降量 s(mm)可按式（3.66）计算：

$$s = \sum_{i=1}^{n} \frac{h_i}{1+e_{ni}} \left[C_{ei} \log \left(\frac{p_{zi}+p_{0i}}{p_{zi}} \right) \right] \quad (3.66)$$

④ 欠固结土的沉降量 s（mm）可按式（3.67）计算：

$$s = \sum_{i=1}^{n} \frac{h_i}{1+e_{oi}} \left[C_{ei} \log \left(\frac{p_{zi}+p_{0i}}{p_{ci}} \right) \right] \quad (3.67)$$

⑤ 按以上公式计算沉降时，地基压缩层厚度：对于粉土，一般黏性土和饱和黄土，自基础底面算起，算到附加应力等于自重应力 20%处；对于软土，算到附加应力等于自重应力 10%处，若有相邻建筑，附加压力应考虑其影响。

（3）对于大型刚性基础下的一般黏性土、软土、饱和黄土和不能准确取得压缩模量的地基，如碎石土、砂土、粉土和花岗岩残积土等，可利用变形模量按式（3.68）计算沉降量。

$$s = pb\eta \sum_{i=1}^{n} \frac{\delta_i - \delta_{i-1}}{E_{0i}} \quad (3.68)$$

式中 s——沉降量（mm）；

p——相应于荷载标准时基础底面处平均压力（kPa）；

b——基础底面宽度（m）；

δ_i——与 t/b 有关的无因次系数，按相关规范选用；

E_{0i}——基础底面下第 i 层土按载荷试验求得的变形模量（MPa）；

η——修正系数，可查表 3.27 确定；表中 Z_n 为地基压缩层深度（m）；

表 3.27 修正系数 η 取值表

$m=\dfrac{2Z_n}{b}$	$0<m\leqslant 0.50$	$0.5<m\leqslant 1$	$1<m\leqslant 2$	$2<m\leqslant 3$	$3<m\leqslant 5$	$5<m\leqslant \infty$
η	1.00	0.95	0.90	0.80	0.75	0.70

按式（3.68）计算沉降时，地基压缩深度 Z_n 按式（3.69）计算确定：

$$Z_n = (Z_m + \xi b)\beta \tag{3.69}$$

式中 Z_m——与基础长度有关的经验值（m），按表 3.28 确定；

ξ——系数，按表 3.29 确定；

β——调整系数，按表 3.29 确定。

表 3.28 Z_m 值和 ξ 系数取值表

l/b	1	2	3	4	5
Z_m	11.6	12.4	12.5	12.7	13.2
ξ	0.42	0.49	0.53	0.60	0.62

表 3.29 β 系数取值表

土类	碎石土	砂土	粉土	黏性土	软土
β	0.30	0.50	0.60	0.75	1.00

对于一般黏性土、软土和饱和黄土，当未进行载荷试验时，可反算综合变形模量 $\overline{E}_0$，并按式（3.70）计算沉降量：

$$s = \dfrac{pb\eta}{\overline{E}_0}\sum_{i=1}^{n}(\delta_i - \delta_{i-1}) \tag{3.70}$$

式中 $\overline{E}_0$——根据实测沉降反算综合变形模量（MPa），按式（3.71）求得：

$$\overline{E}_0 = \alpha \overline{E}_s \tag{3.71}$$

其中 α——反算综合变形模量 $\overline{E}_s$ 的比值，可按表 3.30 选用。

表 3.30 比值 α 取值表

$\overline{E}_s$ /MPa	3.0	5.0	7.5	10.0	12.5	15.0	20.0
$\alpha = \dfrac{\overline{E}_0}{\overline{E}_s}$	1.0	1.6	2.6	3.6	4.6	5.6	7.6

3.7.3 基础倾斜及容许变形

由地基不均匀引起的倾斜，可按各角点的钻孔柱状图和物理力学指标，分别按基础中心点计算沉降，然后乘以与实测沉降对比所取得的经验系数，以获得各角点处的沉降量，据此近似计算出基础倾斜量 λ。其容许值按表 3.31 确定。

表 3.31 基础的容许倾斜 λ 表

高层建筑物		高耸构筑物	
$24 < H_g \leq 60$	0.003	$50 < H_g \leq 100$	0.005
$60 < H_g \leq 100$	0.002	$100 < H_g \leq 150$	0.004
$H_g > 100$	0.0015	$150 < H_g \leq 200$	0.003
		$200 < H_g \leq 250$	0.002

各类建（构）筑物的地基变形允许值，可按表 3.32 规定采用。

表 3.32 建筑物的地基变形允许值

变形特征		地基土类别	
		中、低压缩性土	高压缩性土
砌体承重结构基础的局部倾斜		0.002	0.003
工业与民用建筑相邻柱基的沉降差	框架结构	$0.002\,l$	$0.003\,l$
	砌体墙填充的边排柱	$0.0007\,l$	$0.001\,l$
	当基础不均匀沉降时不产生附加应力的结构	$0.005\,l$	$0.005\,l$
单层排架结构（柱距为 6 m）柱基的沉降量/mm		（120）	200
桥式吊车轨面的倾斜（按不调整轨道考虑）	纵向	0.004	
	横向	0.003	
多层和高层建筑的整体倾斜	$H_g \leq 24$	0.004	
	$24 < H_g \leq 60$	0.003	
	$60 < H_g \leq 100$	0.0025	
	$H_g > 100$	0.002	
体型简单的高层建筑基础的平均沉降量/mm		200	
高耸结构基础的倾斜	$H_g \leq 20$	0.008	
	$20 < H_g \leq 50$	0.006	
	$50 < H_g \leq 100$	0.005	
	$100 < H_g \leq 150$	0.004	
	$150 < H_g \leq 200$	0.003	
	$200 < H_g \leq 250$	0.002	
高耸结构基础的沉降量/mm	$H_g \leq 100$	400	
	$100 < H_g \leq 200$	300	
	$200 < H_g \leq 250$	200	

注：① 本表数值为建筑物地基实际最终变形允许值。
② 有括号者仅适用于中压缩性土。
③ l 为相邻柱基的中心距离（mm）；H_g 为自室外地面起算的建筑物高度（m）。
④ 倾斜指基础倾斜方向两端点的沉降差与其距离的比值。
⑤ 局部倾斜指砌体承重结构沿纵向 6~10 m 内基础两点的沉降差与其距离的比值。

3.8 地基稳定性验算

1. 需稳定性验算的建、构筑物

下列建筑物应进行稳定性验算:
(1) 一级建筑物中经常受水平力(风荷载和地震荷载)作用的高层建筑物。
(2) 位于斜坡或坡顶上的建筑物。
(3) 挡土墙。

2. 稳定性验算方法

(1) 地基稳定性可用圆弧滑动面法进行验算。稳定安全系数为最危险的滑动面上诸力对滑动面中心所产生的抗滑力矩和滑动力矩的比值,其值应符合式(3.72)要求:

$$K = \frac{M_R}{M_s} \geqslant 1.2 \quad (3.72)$$

式中 M_R——抗滑力矩;
M_s——滑动力矩。

当滑动面为平面时,稳定安全系数应提高 1.3。

(2) 位于稳定土坡坡顶上的建筑,当垂直于坡顶的边缘线的基础底边长小于或等于 3 m 时,其基础底面外边缘至坡的水平距离(见图 3.5)应符合下式要求,但不得小于 2.5 m:

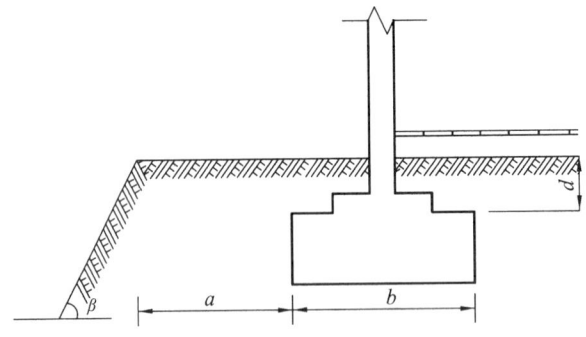

图 3.5 基础底面外边缘线至坡顶的水平距离示意图

条形基础:

$$a \geqslant 3.5b - \frac{d}{\tan\beta} \quad (3.73)$$

矩形基础:

$$a \geqslant 2.5b - \frac{d}{\tan\beta} \quad (3.74)$$

式中 a——基础底边外边缘线至坡顶的水平距离;

b——垂直于坡顶边缘线的基础底边边长；

d——基础埋置深度；

β——边坡坡角。

当基础底边外边缘至坡顶的水平距离不满足式（3.72）、式（3.73）的要求时，或当坡角大于45°、坡高大于8 m时，应进行坡体稳定性验算。

3.9 桩基评价和计算

3.9.1 桩型的选择

桩型的选择应根据工程性质、工程地质条件、施工环境、环境与经济分析等因素综合考虑确定。一般可按下述原则选择桩型：

（1）当持力层层面起伏不大，环境条件允许，可采用预制桩；当荷载较大，桩较长或需穿越一定厚度的坚硬土层，需要较重的锤和锤击应力较大时可采用预应力桩；对一级高层建筑，通过经济分析认为可行时采用钢管桩；当有施工经验时可采用沉管灌注桩。

（2）当持力层起伏较大、预制桩桩长不易控制，或紧贴原建筑，场地周围环境复杂时，可采用就地灌注桩或扩底墩。

3.9.2 桩基持力层的选择

选择桩基持力层宜符合以下的规定：

（1）作为持力层，宜选择层位较稳定的硬塑—坚硬状态的低压缩性黏性土和粉土层中，中密以上的砂土和碎石层，微、中风化的基岩。

（2）第四系土层作为桩尖持力层，其厚度宜超过6~10倍桩身直径或桩身宽度；扩底墩的持力层厚度宜超过2倍墩底直径。

（3）持力层以下没有软弱地层和可液化地层。当不可避开持力层下的软弱地层时，应从持力层的整体强度及变形要求考虑，保持持力层有足够厚度。

（4）对于打（压）入桩，应考虑桩能穿过持力层以上各地层顺利进入持力层的可能性。

（5）地下水对混凝土无腐蚀性。

3.9.3 单桩竖向承载力

在勘察期间，当没有进行桩静载荷试验时，单桩竖向承载力可以通过半经验公式和静力触探试验资料进行估算，但应与附近场地的试桩资料或地区经验进行比较后提出；对于一级高层建筑，应通过现场静载荷试验确定。

（1）预制桩可按式（3.75）估算单桩竖向承载力：

$$R_k = q_p A_p + \mu_p \sum_{i=1}^{n} q_{si} l_i \qquad (3.75)$$

式中 R_k——单桩的竖向承载力标准值（kN）；

q_p——桩端土的承载力标准值（kPa），可按相关规范选用，亦可按地区经验选用；

A_p——桩身横截面积（m²）；

μ_p——桩身周边长度（m）；

q_{si}——第 i 层土的摩擦力标准值（kPa），可按相关规范选用，亦可按地区经验选用。

（2）预制桩单桩承载力亦可用静力触探公式估算：

① 按单桥探头 P_s 值估算单桩竖向承载力，式（3.76）适用于沿海软土地区。

$$R_k = \frac{1}{K}(a_b P_{sb} A_p + u_p \sum f_i l_i) \qquad (3.76)$$

式中 K——安全系数，一般取 2，也可根据经验作适当调整。

a_b——桩端阻力修正系数，按表 3.33 选用。

f_i——用静力触探比贯入阻力（P_s）估算的桩基各层土的极限摩擦阻力（kPa），一般按以下原则选择：

a. 地表以下 6 m 范围内的浅层土，一般取 $f_i = 15$ kPa。

b. 黏性土：当 $P_s \leq 1\,000$ kPa 时，$f_i = \dfrac{P_s}{20}$。

当 $P_s > 1\,000$ kPa 时，$f_i = 0.025 P_s + 25$。

c. 粉性土及砂性土：$f_i = \dfrac{P_s}{50}$。

P_{sb}——桩端附近的静力触探比贯入阻力平均值（kPa），按式（3.77）、式（3.78）计算：

当 $P_{sb1} \leq P_{sb2}$ 时：

$$P_{sb} = \frac{P_{sb1} + P_{sb2} \beta}{2} \qquad (3.77)$$

当 $P_{sb1} > P_{sb2}$ 时：

$$P_{sb} = P_{sb2} \qquad (3.78)$$

其中 P_{sb1}——桩端全断面以上 8 倍桩径范围内的比贯入阻力平均值（kPa）；

P_{sb2}——桩端全断面以下 4 倍桩径范围内的比贯入阻力平均值（kPa）；

β——折减系数，按 P_{sb2}/P_{sb1} 的值从按表 3.34 中选用。

表 3.33 桩端阻力修正系数 a_b 值

桩长 l/m	$l \leq 7$	$7 < l \leq 30$	$l > 30$
a_b	2/3	5/6	1

表 3.34 折减系数 β 值

P_{sb2}/P_{sb1}	<5	5~10	10~15	>15
	1	5/6	2/3	1/2

② 按双桥探头估算单桩竖向承载力，适用于一般黏性土和砂土。

$$R_k = \frac{1}{K}(a\bar{q}_c A_p + u_p \sum_{i=1}^{n} f_{si} l_i \beta_i) \tag{3.79}$$

式中 α——桩端阻力修正系数，对黏性土取 2/3，对饱和土取 1/2。

$\bar{q}_c$——桩端上、下探头阻力，取桩尖平面以上 $4d$（d 为桩的直径）范围内按厚度的加权平均值，然后再和桩端面平面以下 d 范围内的 q_c 值进行平均。

f_{si}——第 i 层土的探头侧摩阻力（kPa）；

β_i——第 i 层桩身侧摩阻力修正系数，按下式计算。

黏性土： $\beta_i = 10.043 f_{si}^{-0.56}$ （3.80）

砂性土： $\beta_i = 5.045 f_{si}^{-0.45}$ （3.81）

用静力触探资料估算的桩端极限阻力值不宜超过 8 000 kPa，桩端极限摩阻力不宜超过 100 kPa，对于比贯入阻力值 2 500~6 500 kPa 的浅层粉性土及稍密的砂性土，计算桩端阻力和桩端侧摩阻力时应结合经验，考虑数值可能偏大的因素。

③ 灌注桩的单桩竖向承载力标准值 R_k 可按式（3.82）估算：

$$R_k = q_p A_p + \pi d_i \sum_{i=1}^{n} q_{si} l_i \tag{3.82}$$

式中 q_p——桩端土的承载力标准值（kPa），对钻、挖、冲孔灌注桩和沉管灌注桩可分别按相关规范选用；亦可按地区经验采用。

d_i——成桩直径（m），根据施工经验确定，当缺乏经验时，对钻、挖、冲孔灌注桩，按钻头直径增加下列数值：螺旋钻 1~2 cm，潜水钻 3~5 cm，机动洛阳钻 2~3 cm，冲击钻 4~8 cm；对沉管灌注桩，一般取 $d_1 = d_e$（d_e 为套管外直径），一次复打时取 $d_1 = \sqrt{2}d_e$，对于流塑、软塑状态黏性土应再乘以 0.7~0.9 的系数。

q_{si}——第 i 层桩周土的摩擦力标准值（kPa），对钻、挖、冲孔灌注桩和沉管灌注桩可分别按相关规范选用；亦可按地区经验采用。

④ 扩底墩的竖向承载力标准值 R_k 可按式（3.83）计算：

$$R_k = q_p A_p + u_p \sum_{i=1}^{n} q_{si} l_i \tag{3.83}$$

式中 q_b——桩端土的承载力标准值（kPa），可按地区经验选用，当无地区经验时宜在持力层上作深井荷载试验确定。

A_p——扩底墩的墩底面积（m²）。

u_p——桩身周边长宽（m）。

Q_{si}——第 i 层土的摩擦力值（kPa），可按地区经验确定，亦可根据施工方法，参照钻、挖、冲孔灌注桩和沉管灌注桩的摩擦力值作适当增减。

l_i——按土层划分，第 i 层的分段长度（m）。

按式（3.59）计算时，当桩身长度小于6.0 m时，不宜计算桩身摩擦力；桩身长度超过6 m时，可计算桩身摩擦力，但宜扣除2倍大头斜面高度段的摩擦力。

对于一级高层建筑，宜作圆形单墩载荷试验确定其竖向承载力，同一栋建筑桩底面积不同时，宜以变形量控制其承载力。

3.10 地下水的腐蚀性

3.10.1 场地环境类别

场地所属环境类别的划分应按表3.35的规定执行。当竖井、隧洞、水坝等工程的混凝土结构一面与水（地表水和地下水）接触，另一方面又暴露在大气中，其场地环境应分为3类。

表3.35 场地环境类别划分表

环境类别	气候区	土层特征	干湿交替	冰冻段（段）
Ⅰ	高寒区 干旱区 半干旱区	直接临水，强透水土层的地下水中，或湿润的强透水层	有	混凝土不论在地面上或地面下受潮或侵水，并处于严重冰冻区（段）、冰冻区（段）或微冻区（段）时，见《岩土工程勘察规范》
Ⅱ	高寒区 干旱区 半干旱区	强透水土层的地下水中，或湿润的弱透水土层	有	混凝土不论在地面上或地面下，无干湿交替时，见《岩土工程勘察规范》
Ⅱ	湿润区 半湿润区	直接临水，强透水土层的地下水中，或湿润的强透水层	有	
Ⅲ	各气候区	弱透水土层	无	不冻区（段）

注：① 高寒区的干燥度指数 k（海拔高度等于或大于3 000 m）；干旱区（$k>2.0$）、半干旱区（$k=2.0$）、半湿润区（$k=1.5～1.0$）、湿润区（$k<1.0$）。
② 混凝土地面以下部分，按地下温度梯度区分为不冻段（大于0 ℃）、微冻段（$-4～0$ ℃）、冰冻段（$-4～-8$ ℃）、严重冰冻段（<-8 ℃）。
③ 大块碎石类土、砾砂、粗砂、中砂和细砂为强透水层；粉砂、粉土和黏性土为弱透水层。

3.10.2 水对基础混凝土的腐蚀性

受气候或渗透性影响的水、土对混凝土结构的腐蚀性评价，应分别符合表3.36和表3.37的规定；水、土对钢筋混凝土结构中的腐蚀性评价，应符合表3.38的规定。

表 3.36 受气候影响的水、土腐蚀介质评价表

腐蚀等级	腐蚀介质	环境类型		
		Ⅰ	Ⅱ	Ⅲ
微	硫酸盐含量 SO_4^{2-}/mg/L	<200	<300	<500
弱		200～500	300～1 500	500～3 000
中		500～1 500	1500～3 000	3 000～6 000
强		>1 500	>3 000	>6 000
微	镁盐含量 (Mg^{2+})/mg/L	<1 000	<2 000	<3 000
弱		1 000～2 000	2 000～3 000	3 000～4 000
中		2 000～3 000	3 000～4 000	4 000～5 000
强		>3 000	>4 000	>5 000
微	铵盐含量 (NH_4^+)/mg/L	<100	<500	<800
弱		100～500	500～800	800～1 000
中		500～800	800～1 000	1 000～1 500
强		>800	>1 000	>1 500
微	苛性碱含量 (OH^-)/mg/L	<35 000	<43 000	<57 000
弱		35 000～43 000	43 000～57 000	57 000～70 000
中		43 000～57 000	57 000～70 000	70 000～100 000
强		>57 000	>70 000	>100 000
微	总矿化度/mg/L	<10 000	<20 000	<50 000
弱		10 000～20 000	20 000～50 000	50 000～60 000
中		20 000～50 000	50 000～60 000	60 000～70 000
强		>50 000	>60 000	>70 000

注：① 表中的数值适用于有干湿交替作用的情况，Ⅰ、Ⅱ类腐蚀环境无干湿交替作用时，表中硫酸盐含量数值应乘以 1.3 的系数。
② 表中数值适用于水的腐蚀性评价，对土的腐蚀性评价，应乘以 1.5 的系数；单位以 mg/kg 表示。
③ 表中苛性碱（OH^-）含量（mg/L）应为 NaOH 和 KOH 中的 OH^- 含量（mg/L）。

表 3.37 受渗透性影响的水、土腐蚀介质评价表

腐蚀等级	pH		侵蚀性 CO_2/(mg/L)		HCO_3^-/(mol/L)
	A	B	A	B	A
微	>6.5	>5.0	>15	<30	>1.0
弱	6.5～5.0	5.0～4.0	15～30	30～60	1.0～0.5
中	5.0～4.0	4.0～3.5	30～60	60～100	<0.5
强	<4.0	<3.5	>60		

注：① 表中 A 是指直接临水或强透水层中的地下水；B 是指弱透水层中的地下水。强透水层是指碎石土和砂土；弱透水层是指粉土和黏性土。
② HCO_3^- 含量是指水的矿化度低于 0.1 g/L 的软水时，该类水质 HCO_3^- 的腐蚀性。
③ 土的腐蚀性评价只考虑 pH 指标；评价其腐蚀性时，A 是指强透水土层；B 是指弱透水土层。

表3.38 水、土对钢筋混凝土结构中钢筋的腐蚀性评价表

腐蚀等级	水中的 Cl^- 含量/(mg/L)		土中的 Cl^- 含量/(mg/kg)	
	长期浸水	干湿交替	A	B
微	<10 000	<100	<400	<250
弱	10 000~20 000	100~500	400~750	250~500
中		500~5 000	750~7 500	500~5 000
强		>5 000	>7 500	>5 000

注：A是指地下水位以上的碎石土、砂土，坚硬、硬塑的黏性土；B是湿、很湿的粉土，可塑、软塑、流塑的黏性土。

3.10.3 水、土对钢结构的腐蚀性

水对钢结构的腐蚀性评价应符合表3.39的规定；土对钢结构的腐蚀性评价应符合表3.40的规定。

表3.39 水对钢结构的腐蚀性评价表

腐蚀等级	pH 和 $(Cl^- + SO_4^{2-})$ 含量/(mg/L)
弱	3~11，小于500
中	3~11，小于500
强	小于3，任何浓度

注：① 表中水系指氧能自由溶入的水及地下水。
② 本表亦适用于钢管道。
③ 如水的沉淀物中有褐色絮状沉淀（铁），悬浮物中有褐色生物膜、绿色丛块，或有硫化氢臭，应作铁细菌、硫酸还原细菌的检验，查明有无细菌腐蚀。

表3.40 土对钢结构腐蚀性评价表

腐蚀等级	pH	氧化还原电位/mV	视电阻率/(Ω·m)	极化电流密度/(mA/cm²)	质量损失/g
微	>5.5	>400	>100	<0.02	<1
弱	5.5~4.5	400~200	100~50	0.02~0.05	1~2
中	4.5~3.5	200~100	50~20	0.05~0.20	2~3
强	<3.5	<100	<20	>0.20	>3

注：土对钢结构的腐蚀性评价，取各指标中腐蚀等级最高者。

3.10.4 综合评价原则

各项腐蚀介质评价的腐蚀等级不同时，应按下列规定综合评价腐蚀等级。

（1）各项腐蚀介质的评价等级中，只出现有弱腐蚀，无中等腐蚀或无强腐蚀时，应综合评价为弱腐蚀。

（2）各项腐蚀介质的评价等级中，无强腐蚀，腐蚀等级最高为中等腐蚀，应综合评价为中腐蚀。

（3）各项腐蚀介质的评价等级中，有一个或两个为强腐蚀性，应综合评价为强腐蚀。

（4）各项腐蚀介质的评价等级中，有三个或三个以上为强腐蚀时，应综合评价为严重腐蚀。

3.11 地基的地震效应

3.11.1 地基土类别和场地类别

1. 地基土类别

地基土类别一般按场地覆盖层（当场地覆盖层厚度大于 15 m 时取 15 m）范围内土层平均（按厚度加权）剪切波速进行划分，如表 3.41 所示。丙、丁类建筑无土层剪切波速时，可根据岩土状态按下列规定划分场地土类型：

（1）坚硬（场地）土：稳定岩石，密实的碎石土。

（2）中硬（场地）土：中密、稍密的碎石土，密实、中密的砾、粗、中砂，f_k>200 的黏性土或粉土。

表 3.41 不同场地土类型下的平均剪切波

类别	土层的平均剪切波速/(m/s)
坚硬场地土	V_{sm}>500
中硬场地土	500≥V_{sm}>250
中软场地土	250≥V_{sm}>140
软弱场地土	V_{sm}≥140

（3）中软（场地）土：稍密的砾、粗、中砂，除松散外的细粉砂，f_k≤200 的黏性土或粉土，f_k≥130 的填土。

（4）软弱（场地）土：淤泥质土，松散的砂，新近沉积的黏性土或砂土，f_k≤130 的填土。

注：f_k 为地基土静承载力标准值（kPa）。

2. 场地类别

建筑物所在的场地的场地类别，应根据场地土覆盖层厚度（地面至坚硬场地土顶面的距离）划分Ⅰ、Ⅱ、Ⅲ、Ⅳ类，按表 3.42 确定。

表 3.42 场地类别划分表

场地土类别	场地覆盖层厚度/m				
	0	0~3	3~9	9~80	>80
坚硬场地土	I				
中硬场地土		I	I	II	II
中软场地土		I	II	II	III
软弱场地土		I	III	III	IV

3.11.2 地基土的抗震承载力

（1）天然地基的地基土抗震承载力可适当提高并按式（3.84）确定：

$$f_{sE} = \xi_s f_s \tag{3.84}$$

式中 f_{sE}——地基抗震承载力设计值（kPa）；

f_s——现行《建筑地基基础设计规范》规定并经过基础深宽修正的地基土静承载力设计值（kPa）；

ξ_s——地基土抗震承载力的提高系数，并按表 3.43 采用。

表 3.43 地基土抗震承载力的提高系数 ξ_s 表

岩土名称和状态	ξ_s
岩石，密实的碎石土：密实的砾、粗、中砂；$f_k \geq 300$ 的黏性土或粉土	1.5
中密、稍密的碎石土：中密、稍密的砾、粗、中砂；密实的细、粉砂 $150 \leq f_k \leq 300$ 的黏性土或粉土	1.3
中密、稍密的细、粉砂；$100 \leq f_k \leq 150$ 的黏性土或粉土；新近堆积的黏性土和粉土	1.1
淤泥，淤泥质土，松散的砂，填土	1.0

（2）地基竖向承载力的验算：

当验算天然地基地震作用下的竖向承载力时，基础底面各作用效应的基本组合应按《建筑地基基础设计规范》执行，其平均压力和边缘最大压力，应符合式（3.85）、式（3.86）：

$$p \leq f_{sE} \tag{3.85}$$

$$p_{max} \leq 1.2 f_{sE} \tag{3.86}$$

式中 p_{max}——基础底面地震组合的平均压力和基础边缘地震组合最大压力（kPa）。

3.11.3 饱和砂土的振动液化

1. 砂土液化的影响因素

影响砂土液化的基本因素如表 3.44 所示。其中最主要的因素为：土颗粒粒径、砂土密度、上覆土层厚度、地面震动强度及持续时间、地下水埋藏深度。

表 3.44 影响液化的因素一览

因素			指标	对液化的影响
土性条件	颗粒特征	粒径	平均粒径 d_{50}	颗粒越细越容易液化，平均粒径在 0.1 min 左右的抗液化性最差
		级配	不均匀系数 C_u	不均匀系数越小，抗液化性越差，黏土含量越高，越不容易液化
		形状		圆粒形砂比棱角形容易液化
	密度		孔隙比 e，相对密度 D_r	密度越高，液化可能性越小
	渗透性		渗透系数 K	渗透性差的砂土容易液化
	结构性		颗粒排列、胶结程度、均匀性	原状土比结构破坏的土不容易液化，老砂层比新砂层不易液化
	压密状态		超固结比 OCR	超压密砂土比正常压密砂土不易液化
埋藏条件	上覆土层		上覆土重有效压力 σ'_v，静水土压力系数 K_0	上覆土层越厚，土的上覆有效压力越大，就越容易液化
	排水条件	孔隙水向外排出的渗径长度	液化砂层的厚度	排水条件良好有利于孔隙水压力的消散，能减小液化的可能性
		边界土层的渗透性		
	应力历史			遭受过历史地震的砂土比未遭受地震的砂土不易液化，但曾发生过液化又重新被压密的砂土，却较易重新液化
动荷条件	地震烈度	震动强度	地面加速度 a_{max}	地震烈度高，地面加速度大，就越容易液化
		持续时间	等级循环次数 N	地震时间越长，或振动次数越多，就越容易液化

2. 液化势的宏观判别

宏观液化势的判定应考虑下列条件：

（1）区域地震地质条件，历史地震背景（包括地震液化史、地震震级、峰值加速度、周期与波长、震中距、断裂错距等）及发震的地质条件。

（2）场地条件，地形地貌，特别是河曲、坡地等微地貌特征及场地地质年代、成因等。

（3）地基土质条件，液化判定层的埋藏情况，边界条件及地下水位，土的物理力学性质（包括相对密度、平均粒径、黏粒含量、波速、上覆有效压力和标贯击数等）。

3. 液化势的微观判别

1）标准贯入试验判别

凡初判为可能液化或需考虑液化影响时，应采用标准贯入试验进一步确定是否液化。当饱和砂土或饱和粉土实测标准贯入锤击数（未经杆长修正）N 值小于下式确定的临界值 N_{cr} 时，则判为可液化土，否则为不液化土。

$$N_{cr} = N_0[0.9 + 0.1(d_s - d_w)]\sqrt{\frac{3}{\rho_0}} \tag{3.87}$$

式中　d_s——饱和土标准贯入点深度（m）；

　　　d_w——地下水位深度（m）；

　　　N_{cr}——饱和土液化临界贯入锤击数；

　　　N_0——饱和土液化判别的基准标准贯入锤击数，按表 3.45 采用。

表 3.45　饱和土液化判别的基准标准贯入锤击数对应表

烈度	Ⅶ度	Ⅷ度	Ⅸ度
近震	6	10	16
远震	8	12	

2）静力触探试验判别

当采用静力触探试验对饱和砂土和饱和粉土进行液化判别时，可按式（3.88）、式（3.89）计算：

$$p'_s = p_{s0}\alpha_w \alpha_u \alpha_p \tag{3.88}$$

$$q'_c = q_{c0}\alpha_w \alpha_u \alpha_p \tag{3.89}$$

式中　p'_s、q'_c——饱和土液化临界静力触探贯入阻力和锥尖阻力（MPa）；

　　　p_{s0}、q_{c0}——$d_w = 2$ m，$d_u = 2$ m 时，饱和液化临界贯入阻力和临界锥尖阻力（MPa），可按表 3.46 取值；

　　　α_w——地下水位影响系数，按式（3.90）计算：

$$\alpha_w = 1 - 0.065(d_w - 2) \tag{3.90}$$

　　　α_u——上覆非液化土层影响系数，按式（3.91）计算，对于深基础，取 $\alpha_u = 1$：

$$\alpha_u = 1 - 0.05(d_u - 2) \tag{3.91}$$

　　　d_u——上覆非液化土层厚度（m）；

　　　α_p——土性综合影响系数，按表 3.47 取值。

表 3.46 液化判别 p_{s0} 及 q_{c0} 取值表

烈度	Ⅶ度	Ⅷ度	Ⅸ度
P_{s0}	5.0～6.0	11.5～13	18～20
Q_{c0}	4.6～5.4	10.5～11.8	16.4～18.2

表 3.47 土性综合影响系数 a_p 取值表

土性	砂土	粉土	
塑性指标	$I_p \leq 3$	$3 < I_p \leq 7$	$7 < I_p \leq 10$
a_p	1.0	0.6	0.45

4. 液化指数及液化等级

1）液化指数

凡判定为可液化的土层，应按式（3.92）确定地基的液化指数：

$$I_{1E} = \sum_{i=1}^{n} \left(1 - \frac{N_i}{N_{cri}}\right) d_i \omega_i \tag{3.92}$$

式中　I_{1E}——地基的液化指数；

　　　N_i——饱和土层中 i 点的实测标准贯入锤击数。

　　　N_{cri}——相应于 N_i 深度处的临界准标贯入锤击数。

　　　n——每个钻孔内 15 m 深度范围内饱和土层中标准贯入点总数。

　　　d_i——i 点所代表的土层厚度（m），可采用与该标准贯入试验点相邻的上、下两标准贯入试验点深度差的一半，但上界不小于地下水位深度，下界不大于液化深度。

　　　ω_i——土层第 i 层考虑单位土层厚度的层位影响权函数（单位为 m^{-1}），当该层中点深度不大于 5 m 时应采用 10，等于 15 m 时应采用零值，5～15 m 时，应按线性内插法取值。

注：当 $\left(1 - \dfrac{N_i}{N_{cri}}\right)$ 为负值时取零。

2）液化等级

地基的液化等级根据液化指数按表 3.48 确定。

表 3.48 地基液化等级与液化指数对应表

液化等级	液化指数（I_{1E}）	地面喷水冒砂情况	对建筑物的危害程度描述
轻微	$0 < I_{1E} \leq 5$ $0 < I_{1E} \leq 6$	地面无喷水冒砂，或仅在洼地、河边有零星的冒砂点	液化危害性小，一般不至引起明显的灾害
中等	$6 < I_{1E} \leq 15$ $6 < I_{1E} \leq 18$	喷水冒砂可能性大，从轻微到严重均有，多数属中等喷冒	液化危害性较大，可造成不均匀沉降和开裂，有时不均匀沉降可能达到 200 mm
严重	$I_{1E} > 15$ （$I_{1E} > 18$）	一般喷水冒砂，冒砂很严重，地面变形很明显	液化危害性较大，不均匀沉降大于 200 mm，高重心结构可能产生不容许的倾斜

注：括号中为判别深度 20 m 的液化指数，无括号者为判别深度 15 m 的液化指数。

第4章 岩土工程勘察实习报告书要求

4.1 实习任务要求

为适应新形势发展,假定学校修建创新实验楼,该创新实验楼为七层,无地下室,设计总面积为 1 680 m²,实习实验坑布置如图 4.1 所示。拟建场地位于成都理工大学地质灾害防治与地质环境保护国家重点实验室和国家级地质工程实验教学示范中心第二大楼附楼北侧与教师家属楼南侧地段。工程地质勘查阶段为详细勘察阶段,设计要求线荷载为 240 kN/m。

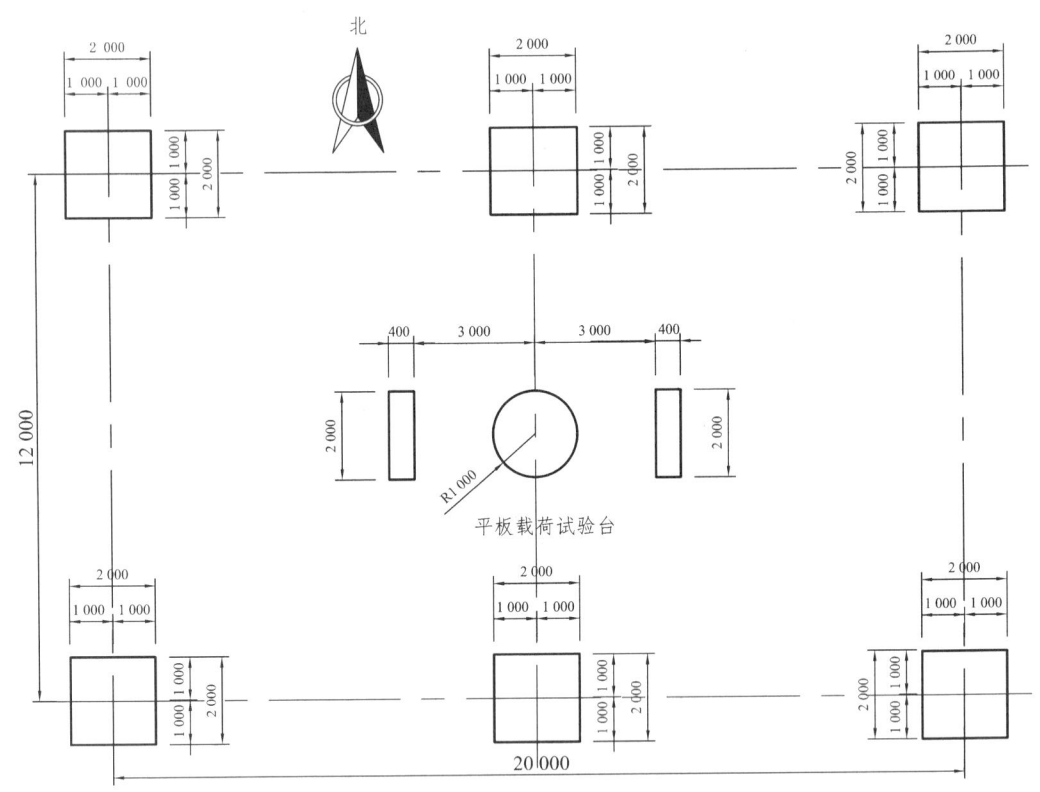

图 4.1 A 区 9 号楼实习实验坑布置情况图

4.2 地基岩土工程勘察实习报告要求

岩土工程勘察报告书是岩土工程勘察的文字成果,它作为提供工程建设的规划、设计和施工参考用资料。岩土工程报告书的编写是在综合分析各项勘察工作所取得的成果基础上进行的，必须结合建筑类型和勘察阶段规定其内容和格式。各类勘察规范中虽然有编写岩土工程报告书的提纲，但也要根据实际情况适当灵活不可受其拘束强求统一。

总的说来，岩土工程勘察报告的要求是简明扼要，切合主题；内容安排应当合乎逻辑顺序，前后呼应，整体连贯；论证有据，剖析全面，观点正确，数据可靠，结论态度鲜明，准确简练；插图、表格文字说明清晰，图文并茂。

在野外勘察工作和室内土样试验完成后，将岩土工程勘察纲要、勘探孔平面布置图、钻孔记录表、原位测试记录表、岩土的物理力学性质试验成果，连同勘察任务委托书、建筑物规划平面布置图及地形图等有关资料汇总，进行整理、检查、分析、鉴定，经确定无误后，编制正式的岩土工程勘察成果报告。

岩土工程勘察成果报告的任务，在于阐明勘察地区的岩土工程条件，分析存在的岩土工程问题，从而对建筑地区作出岩土工程条件的评价，最后得出结论。岩土工程勘察报告书在内容结构上，一般包括文字和图表两部分组成。

1. 文字部分要求

文字部分的内容包括前言、场地岩土工程地质性质、地基岩土工程评价及结论和建议等以下几点：

前言部分：前言的内容主要是说明岩土工程勘察的委托单位，进行岩土工程勘察的单位；建筑场地位置；具体的勘察阶段；拟建工程名称、规模、用途；岩土工程勘察目的、要求和任务；勘察方法、勘察工作布置与完成的工作量；取样的数量以及勘察时间、提交的成果。

场地的岩土工程地质性质：主要的工作内容是阐明工作地区的岩土工程条体所处的区域地质、地理环境，以明确各种自然因素(如大地构造、地势、气候等)对该区岩土工程条件形成的意义。各节的内容应当既能阐明区域性及地区性岩土工程条件的特征.及其变化规律，又须紧密联系工程目的，不要泛泛而论。

（1）建筑场地自然地理情况及位置、研究区地形、地貌、地质构造运动特征。

（2）场地的地层分布、地质结构及岩土类型和岩土工程性质。主要描述各岩土层的颜色、均匀性、层厚、密度、湿度、稠度等物理力学性质，地基承载力等指标。

（3）水文地质条件：地下水的埋藏深度、水质侵蚀性及当地土层冻结深度。

（4）自然地质作用和岩土工程作用形成的不良地质现象及地震基本烈度。

结论及建议：通过建设中遇到的岩土工程问题进行分析论证，对建筑场地各层作为天然地基的稳定性与适宜性作出评价；各土层的物理力学性质及地基承载力等指标的确定，作为选定建筑物场址、结构形式和规模的地质依据。根据拟建工程的特点，结合场地的岩土性质，提出地基与基础方案设计的建议，推荐地基持力层的最佳方案，如为软弱地基或不良地基，应建议采用何种加固处理方案。对工程施工和使用期间可能发生的岩土工程问题，应提出预测、监控和预防措施的建议。

结论的内容是在上述分析的基础上，对各种具体问题作出简要而明确的回答。态度要明确，措辞要简练，评价要具体，不要含糊其辞，模棱两可。

2. 图表部分的内容要求

岩土工程报告书必须与岩土工程图一致，互相照映，互为补充，共同达到为工程服务的目的。一般岩土工程的图表包括：① 勘察点平面布置图；② 岩土工程剖面图；③ 土的物理力学性质试验总表；④ 重大工程应制出岩土工程图或分区图；⑤ 地层柱状图；⑥ 有关试验曲线；⑦ 原始资料复印件。

一般情况下只要求前 3 个图表的内容即可，若是重大工程，应根据需要，绘制综合岩土工程图或岩土工程分区图、钻孔柱状图或综合地质柱状图、岩土工程平切面图、岩土工程立体投影图、岩土利用、整体、改造方案的有关图表；岩土工程计算见图及计算成果表；原位测试成果图以及土样固结试验成果 $e\text{-}p$ 曲线等。

针对一些专门性问题除综合性报告外，尚应提交单项报告如原位测试报告，事故与调查分析报告；岩土改造报告；咨询报告等。

对于小型岩土工程，报告的文字说明可以简化。大型工程或专门性问题的勘察成果报告，则必须提交岩土工程研究报告。

地基岩土工程勘察实习报告书是地基岩土工程勘察的文字成果，达到作为工程建设的规划、设计和施工参考资料的作用。

地基岩土工程勘察实习报告目录参考要求如下：

地基岩土工程勘察报告（参考）

（成都理工大学 A 区 9#楼场地详细勘察阶段岩土工程勘察报告）

1　前言

　　1.1　工程概况

　　1.2　地基岩土工程勘察任务及技术要求

　　　　1.2.1　执行的主要规范与技术要求依据

　　　　1.2.2　岩土工程勘察等级

　　　　1.2.3　勘察的任务、目的及要求

　　1.3　勘察实施方案

　　1.4　工作进度及完成的工作量

2　建筑场地岩土工程地质性质

　　2.1　地形地貌

　　2.2　场地地质结构及岩土工程地质性质

　　2.3　地基土石的物理力学性质

　　　　2.3.1　现场原位试验

　　　　2.3.2　室内土工试验

　　2.4　气象及地下水条件

　　2.5　地震基本烈度

3 地基岩土工程评价
 3.1 地基承载力
 3.2 地基持力层及基础类型建议
 3.3 地基变形验算
 3.4 地基强度验算
 3.5 地基均匀性评价
 3.6 地基稳定性评价
 3.7 场地地震效应
 3.8 地基土膨胀性评价
4 结论与建议
附图
 成都理工大学A区9#楼工程地质平面布置图
 成都理工大学A区9#楼工程地质剖面图

附 录

附录1 成都地区地层简表

地层统计			成因及代号	岩性简述
界	系	统		
新生界	第四系	全新统	Q_{4-2} $\quad Q_{4-2}^{ml}$	杂填土：系建筑及生活垃圾混黏性土组成。 素填土：以黏性土为主，混砖瓦块、木屑、炭渣等物
			Q_{4-2}^{al}	新近堆积土：河漫滩、被掩埋的古河道、湖塘、沟谷、洼地内沉积物，包括淤泥，淤泥质土，松散的砂、砾、卵石层，含碎砖瓦片，陶瓷碎片等物
			$Q^{pl}—Q_{4-1}^{al}$	为岷江水系一级阶地、漫滩冲洪积层，具二元结构。 上组：褐色黏土，灰黄色粉质黏土、粉土、灰黄—灰色砂土，沉积韵律明显，局部有淤泥，淤泥质土。 下组：灰白—褐灰色卵石土，混有20%～40%砂及少量黏性土，常有砂薄层或透镜体，卵石成分以岩浆岩为主，磨圆度佳
		上更新统	$Q^{pl}—Q_3^{al}$	为岷江水系二级阶地冲洪积层，具二元结构。 上组：黄—褐黄色黏土，粉质黏土、粉土、砂土，黏性土中含铁、锰质结核及钙质结核，黏土可具胀缩性。 下组：黄灰色卵石土，混砂及黏性土，有砂薄层或透镜体，卵石成分以岩浆岩为主，个别卵石已强风化，磨圆度佳
		中下更新统	Q_{1+2}^{fgl}	为三级阶地（台地）冰水堆积层，具二元结构。 上组：褐黄—棕红色间有黄、灰白色黏土、粉质黏土、含锰质结核及钙质结核，具胀缩性，本层又称"成都黏土"。 下组：褐黄—红棕色黏土质卵石，卵石成分以花岗岩、石英岩为主，圆度佳，大部分卵石（花岗岩）已强风化，呈半胶结状
中生界	白垩系上统	灌口组	K_2g	红棕、棕红色泥岩夹泥质粉砂岩，含石膏、钙芒硝
		夹关组	K_1j	灰黄、棕红色中、细粒砂岩夹泥岩，下部为棕红色、棕褐色砾岩

注：本表参考《成都地区建筑地基基础设计规范》。

附录 2 "地基岩土工程勘察实习"教学大纲

制定（修订）人：严 明、蔡国军
制定（修订）时间：2015 年 6 月
所在单位：成都理工大学环境与土木工程学院
实习名称：岩土工程勘察实习（Geotechnical engineering investigating practice）
实习学期：第六学期、第七学期
实习时间（周数）：1.5、2
实习学分：1.5、2 学分

一、实习的目的与任务

岩土工程勘察属于技术方法类课程，岩土工程勘察实习是为配合"岩土工程勘察"课程设立的。其教学目的是通过一个简单建筑场地的岩土工程勘察实训，使学生掌握岩土工程勘察基本工作方法，具备从事岩土工程勘察工作的基本技能和素养，为学生今后从事较为复杂的岩土工程勘察工作奠定一个良好的基础。基本教学任务包括三个方面：

（1）岩土工程勘察设计的实训。
（2）岩土工程勘察工作（实施）中基本工作方法和基本技能的实训。
（3）建筑地基岩土工程分析评价的实训。

二、实习主要内容与要求

1. 建筑地基岩土工程勘察设计的实训

（1）实习内容。

根据建筑物结构形式及其对地基的要求、场地基本地形地质条件，完成场地岩土工程勘察（详勘）设计。具体内容如下：

① 勘察方法与手段的选择。
② 勘察工作量的确定（包括：钻孔数量、类型、深度，原位测试、室内土工试验项目、数量等）。
③ 绘制勘探布置图。
④ 岩土工程勘察的组织与实施（勘察设备、人员、进度安排等）。
⑤ 编制岩土工程勘察设计书。

（2）实习要求。

理解岩土工程勘察的原则，掌握岩土工程勘察设计书的编制方法和要求。

2. 建筑物地基岩土工程勘察（实施）中基本工作方法和基本技能的实训

（1）实习内容。

① 钻孔放线与施工（为安全计，钻孔施工可选择"让学生参与"的方式进行）。
② 钻孔地质编录（岩芯观察与编录、地下水位测量等）。

③ 工程地质剖面图绘制。

④ 原位测试仪器与设备（静力触探、标贯、十字板、动探、载荷试验等）的操作、资料整理。

⑤ 常规土工试验的现场取样、测试以及资料整理。

（2）实习要求。

了解钻探施工方法与工艺；掌握岩芯编录技术与方法；理解常见原位测试仪器的测试原理，掌握其操作技能与测试资料整理方法；掌握室内土工试验样品的取样技术与方法。

3. 建筑物地基岩土工程分析评价的实训

（1）实习内容。

根据岩土工程勘察成果，结合建筑物对地基的要求，对建筑场地进行岩土工程评价。具体分析评价内容包括：

① 建筑场地稳定性评价。

② 建筑场地地基承载力评价与持力层确定。

③ 建筑物地基沉降验算。

④ 建筑场地不良地质现象评价。

⑤ 场地地下水腐蚀性评价。

⑥ 地基处理、基础形式、基坑支护以及基坑降水方案建议。

⑦ 编制地基岩土工程勘察报告。

（2）实习要求。

掌握建筑物地基岩土工程分析评价的内容、方法，掌握岩土工程勘察报告的编制方法与要求。

4. 实习成果及要求

实习结束后要求每个学生提交以下成果：

（1）成都理工大学A区9#楼地基岩土工程勘察设计书（包括勘探布置图）。

（2）成都理工大学A区9#楼地基岩土工程勘察报告（包括勘探平面图、剖面图、试验图表等）。

三、实习方式与方法

（1）建筑物地基岩土工程勘察（实施）中操作技能的实训（包括钻孔施工、原位测试仪器设备操作、常规土工试验取样与测试），以小组为单位进行。其他实训内容（包括钻探与测试资料整理，图表绘制，承载力与地基沉降验算，岩土工程勘察设计书，岩土工程勘察报告编制）要求每个学生单独完成，并提交相应成果。

（2）实习分为三个阶段进行：

第1阶段：岩土工程勘察设计的实训。

第2阶段：基本操作技能和基本工作方法的实训。

第3阶段：岩土工程勘察分析评价的实训。

（3）每一阶段，实习指导教师应当"事先讲解、示范，事后分析点评，同时应进行过程检查"，及时指出并纠正学生在勘察实习中存在的问题。

（4）实习准备：实习前，实习指导教师应准备建筑场地的有关资料。具体包括：

① 建筑场地自然地理、工程地质条件概况。

② 建筑场地的地形图。

③ 建筑物设计资料（包括：建筑物结构形式、平面布置、初拟基础形式及布置、上部荷载，地基承载力设计值等）。

（5）实习期间，图表绘制、分析计算、文字报告的编写一律要求手工完成。其中，分析计算可采用 Excel 或计算器，但不得使用"傻瓜式"商业计算软件。

四、时间分配

实习时间为 2 周。各实训环节时间分配如下表所示：

阶段划分	实训内容	实习时间
第 1 阶段	岩土工程勘察设计的实训	2、3 天（含讲课 2 学时）
第 2 阶段	基本操作技能和基本工作方法的实训	5、6 天（含讲课 2 学时）
第 3 阶段	岩土工程勘察分析评价的实训	3、5 天（含讲课 4 学时）

五、实习考核与成绩评定

实习考核根据学生实习表现、基本技能掌握情况、勘察设计书与勘察报告编写质量等三个方面综合评定。实习成绩分为优、良、中、及格、不及格五级评定。评定标准如下：

优秀：实习工作积极主动、表现好。勘察基本技能掌握扎实。勘察设计书及勘察报告结构合理、思路清晰；计算方法选用合理、计算结果准确无误；图表齐全符合规范要求，且整洁美观；分析全面深入、结论可靠；文字流畅、书写工整。独立工作能力、分析解决问题能力强。

良好：实习工作较积极、表现较好。勘察基本技能掌握较好。勘察设计书及勘察报告结构合理；计算基本正确；图表齐全，且符合规范要求；分析较深入，结论可靠；报告书写工整。独立工作能力、分析解决问题能力较强。

中等：工作较努力、表现一般。勘察基本技能掌握较好。勘察设计书及勘察报告结构合理；计算总体正确；图表总体满足要求；结论基本可靠；报告书写较工整。独立工作能力、分析解决问题能力一般。

及格：实习态度及表现一般。勘察基本技能掌握一般。勘察设计书及勘察报告结构基本合理、图表基本满足要求，结论基本可信。勉强完成实习规定的任务，独立工作能力、分析解决问题能力较差。

不及格：实习不努力、表现差。勘察基本技能掌握差。主要图表不齐全或不符合规范要求；勘察设计书及勘察报告结构不完整、书写潦草；分析评价有原则性错误；未达到实习所规定的基本要求。

参考文献

[1] 中国建筑科学研究院. 建筑地基基础设计规范[S]. 北京：中国建筑工业出版社，2002.

[2] 中国建筑科学研究院. 建筑地基基础设计规范[S]. 北京：中国建筑工业出版社，1989.

[3] 建设部综合勘察研究设计院. 岩土工程勘察规范[S]. 北京：中国建筑工业出版社，2009.

[4] 中华人民共和国电力工业部. 工程岩体试验方法标准[S]. 北京：中国计划出版社，1999.

[5] 中华人民共和国水利部. 土工试验方法标准[S]. 北京：中国计划出版社，1999.

[6] 南京水利科学研究院. 土工试验规程[S]. 北京：水力电力出版社，1987.

[7] 南京水利科学研究院. 土工试验规程[S]. 北京：水利出版社，1999.

[8] 《工程地质手册》编委会. 工程地质手册[M]. 4版. 北京：中国建筑工业出版社，2007.

[9] 《工程地质手册》编委会. 工程地质手册[M]. 3版. 北京：中国建筑工业出版社，1992.

[10] 龚晓南. 地基处理手册[M]. 北京：中国建筑工业出版社，1988.

[11] 铁道部第四勘测设计院. 静力触探技术规则[S]. 北京：中国铁道出版社，1993.

[12] 中国建筑科学研究院. 建筑抗震设计规范[S]. 北京：中国建筑工业出版社，2010.

[13] 张倬元，王士天，王兰生，等. 工程地质分析原理[M]. 北京：地质出版社，2009.

[14] 成都理工大学地质灾害防治与地质环境保护国家重点实验室. 四川某机场高填方地基处理试验检测报告. 2001.

[15] 成都理工大学地质灾害防治与地质环境保护国家重点实验室. 携带式岩、土力学性质多功能试验仪研制报告[R]. 2004.

[16] 成都理工大学岩石点荷载试验小组. 岩石点荷载试验专辑[R]. 1986.

[17] 祝龙根，刘利民，耿乃兴. 地基基础测试新技术[M]. 北京：机械工业出版社，2002.

[18] 王清. 土体原位测试与工程勘察[M]. 北京：地质出版社，2006.

[19] 李智毅，唐辉明. 岩土工程勘察[M]. 北京：中国地质大学出版社，2000.

[20] 邢皓枫，徐超，石振明. 岩土工程原位测试[M]. 上海：同济大学出版社，2015.

[21] 蔡国军，巨能攀，付小敏，等. 岩土工程勘察实习教学内容改革探讨[J]. 实验室研究与探索，2012，31（6）：164-169.

[22] 高金川，杜广印. 岩土工程勘察与评价[M]. 武汉：中国地质大学出版社，2002.

[23] 虞修竟，蔡国军，付小敏，等. 水文地质实验装置的研制及应用[J]. 实验室研究与探索，2011，30(3)：209-212.

[24] 苏道刚. 工程地质勘察试验教程[M]. 成都：西南交通大学出版社，2008:1-4.

[25] 李天斌，蔡国军，付小敏，等. 地质工程与土木工程的"一三五"实践教学体系[J]. 实验室研究与探索，2012，31(10):103-108.

[26] 付小敏，苏道刚，蔡国军，等. 岩土力学实验教学仪器的研制与应用[J]. 实验室研究与探索，2011(3):203-206.